全国高职高专规划教材·计算机系列

数据库技术及应用项目教程

(SQL Server 2008版)

主　编　李超燕

副主编　周建良　王先花　高伟聪

内 容 简 介

本教材获浙江省宁波市服务型重点专业群——软件与服务外包特色教材建设项目资金支持，是该项目建设的研究成果，本教材以项目驱动教学的方式来组织，符合目前高校组织教学项目驱动及“做中学”的原则。在本书编写过程中主要涉及的项目有：职工信息数据库，医疗垃圾处理数据库，学生课程数据库。这3个项目分别作为教材的课程教学、实训、课后练习编写的主线项目，其中的医疗垃圾处理数据库是与企业合作过程中由企业提供的实际开发的项目中的数据库。

本教材的第1章是数据库系统基础，让用户来了解数据库的一些基本知识。从第2章至第9章以项目驱动方式分别训练用户创建数据库、查询数据库、更新数据库、创建视图、创建存储过程和触发器、对安全性和完整性进行管理、开发数据库系统、按照数据库设计理论来完成数据库的设计这8大能力。

本教材非常适合高等院校本专科计算机及相关专业用于数据库课程的教学，也可用于计算机软件、数据库维护管理工作工程技术人员作为参考。

图书在版编目（CIP）数据

数据库技术及应用项目教程：SQL Server 2008版/李超燕主编．—北京：北京大学出版社，2013.1

（全国高职高专规划教材·计算机系列）

ISBN 978-7-301-21901-0

Ⅰ.①数…　Ⅱ.①李…　Ⅲ.①关系数据库系统—高等职业教育—教材
Ⅳ.①TP311.138

中国版本图书馆CIP数据核字（2013）第002511号

书　　名：数据库技术及应用项目教程（SQL Server 2008版）
著作责任者：李超燕　主编
策 划 编 辑：胡伟晔
责 任 编 辑：胡伟晔　王慧馨
标 准 书 号：ISBN 978-7-301-21901-0/TP·1269
出　版　者：北京大学出版社
地　　　址：北京市海淀区成府路205号　100871
网　　　址：http://www.pup.cn　　新浪官方微博:@北京大学出版社
电　　　话：邮购部62752015　发行部62750672　编辑部62765126　出版部62754962
电 子 信 箱：zyjy@pup.cn
印　刷　者：三河市博文印刷有限公司
发　行　者：北京大学出版社
经　销　者：新华书店
787毫米×1092毫米　16开本　14.75印张　344千字
2013年1月第1版　2018年2月第2次印刷
定　　　价：30.00元

前　言

Microsoft SQL Server 2008 是 Microsoft 公司推出的新一代数据管理与数据分析软件，在许多功能上比以前的版本有了很大的改进，提供了一个广泛的功能集合，扩展了可靠性、可用性、可编程性和易用性。因此，本教材所使用的就是基于 SQL Server 2008 的数据库管理系统。

本教材的教学内容经过了严格的筛选，以项目为主线来组织教材内容，符合项目驱动教学和“做中学”的原则。在本书编写过程中主要涉及的项目有：职工信息数据库，医疗垃圾处理数据库，学生课程数据库。这 3 个项目分别作为教材的课程教学、实训、课后练习编写的主线项目，其中的医疗垃圾处理数据库是与企业合作过程中由企业提供的实际开发的项目中的数据库。

本教材图文并茂，共分为 9 章，第 1 章介绍了数据库系统基础，第 2 章介绍了如何创建职工信息数据库，第 3 章介绍了如何查询职工信息数据库，第 4 章介绍了如何更新职工信息数据库，第 5 章介绍了如何为职工信息数据库创建视图，第 6 章介绍了如何为职工信息数据库创建存储过程和触发器，第 7 章介绍了如何对职工信息数据库的安全性和完整性进行管理，第 8 章介绍了如何结合 VB 完成职工信息管理系统的开发。在第 2 章至第 8 章每章都有实训，是对医疗垃圾处理数据库进行相关的操作，强化训练用户的相关技能。第 9 章介绍了如何按照数据库设计理论来完成光盘出租管理数据库的设计。

“数据库技术及应用”课程目前被列为浙江省宁波职业技术学院的院级精品课程。进入宁波职业技术学院的主页（www.nbptweb.net），在首页的校内站点导航中进入网络课堂，在“精品课程中心”中搜索“数据库技术及应用”可以进入本课程。在本课程的精品课程中心可以下载到与课程相关的电子资源，主要包括课程的整体设计、单元设计、教材配套课件、实训项目指导、教材所涉及的数据库文件、视频教学等。

宁波职业技术学院是首批国家级示范高职院校，本校的课程教学设计也是一直走在全国高职院校的前列，本教材配套的课程整体设计、单元设计符合项目化教学的相关要求，可以作为全国高职院校计算机相关专业课程教学设计的参考文档。

本教材适合高等院校本专科计算机及相关专业用于数据库课程的教学，也可供计算机软件、数据库维护管理工作工程技术人员参考之用。

由于时间仓促，水平有限，书中不足之处在所难免，恳请广大用户提出宝贵建议与意见。若教师在上课过程中需要与本教材相关的实训和课后练习的参考答案，请与本教材的主编联系，在索要相关资料时需提供教师的相关信息，主编的 QQ 邮箱为 84405099@qq.com，并请抄送 huweiye73@sina.com。

李超燕

2012 年 5 月 9 日于宁波

目 录

第1章　数据库系统基础

数据库技术产生于20世纪60年代中后期，经历了近50年的发展，使它在理论上不断得到创新的同时也在应用上渗透到了计算机应用的各个方面，例如工农业生产、商业、行政、科学研究、工程技术和国防军事的各个部门。管理信息系统、办公自动化系统、决策支持系统等都是使用了数据库管理系统或数据库技术的计算机应用系统。现在，数据库技术已成为计算机领域中最重要的技术之一，它是软件学科中一个独立的分支。

本章主要介绍与数据库技术有关的概念和术语。通过学习，用户可以初步掌握数据库的基本概念、数据库中常用的术语、数据库系统的组成等，使用户对数据库系统有一个总体上的认识，进而对数据库有宏观的理解和把握。通过对数据库的概念、术语及系统组成的学习，有助于用户准确定位自己在将来工作中应承担的角色，有利于开展有目的的自主学习。

1.1　数据库技术的产生与发展

计算机的数据处理应用，首先要把大量的信息以数据形式存放在存储器中。存储器的容量、存储的速率直接影响到数据管理技术的发展。1956年生产的第一张磁盘容量仅为5M字节，而现在已达百吉（G）字节。目前光盘已广泛使用，并且容量将越来越大。磁盘是一种直接访问的存储设备，为数据库技术提供了良好的物质基础。

使用计算机以后，数据处理的速度和规模无论是相对于手工方式还是机械方式都是无可比拟的，随着数据处理量的增长，数据管理技术产生了。数据管理技术的发展与硬件（主要是外部存储器）、软件、计算机应用的范围有密切联系。数据管理技术的发展大致经过以下3个阶段：人工管理阶段文件系统阶段和数据库阶段。

1.1.1　数据管理的3个阶段

1. 人工管理阶段

人工管理阶段一般指20世纪50年代，当时计算机主要用于科学计算，这个阶段在软件上既没有操作系统也没有管理软件；在硬件上，外存只有纸带，没有磁盘等直接存取的存储设备；数据处理的方式是批处理。该阶段数据处理的主要特点是：

（1）数据不保存。因为计算机主要用于科学计算，对于数据保存的需求尚不迫切。一般的做法是，在进行某一计算时将原始数据随程序一起输入主存，运算处理后将结果数据输出。随着计算任务的完成，数据空间随同程序空间一起被释放。

（2）没有专用的软件对数据进行管理。每个应用程序都要包括存储结构、存取方法、输入/输出方式等，这些完全由程序员编程实现，从而要求程序员必须对各种数据存储结构的性能、实现和维护有较深的了解。程序中的存取子程序随着存储结构的改变而改变，因而数据与程序不具有独立性。一旦存储结构改变，就必须修改程序。

（3）数据是面向应用的。即一组数据对应于一个程序，即使两个不同应用程序涉及相同数据，也必须各自定义，无法互相利用、互相参照。

数据管理由各程序员在程序中进行，程序员必须考虑数据的逻辑定义、物理存储方式及地址分配，通过物理地址来存取数据。程序和被处理的数据紧密结合成一个整体，数据和程序间无独立性，如图 1-1 所示。

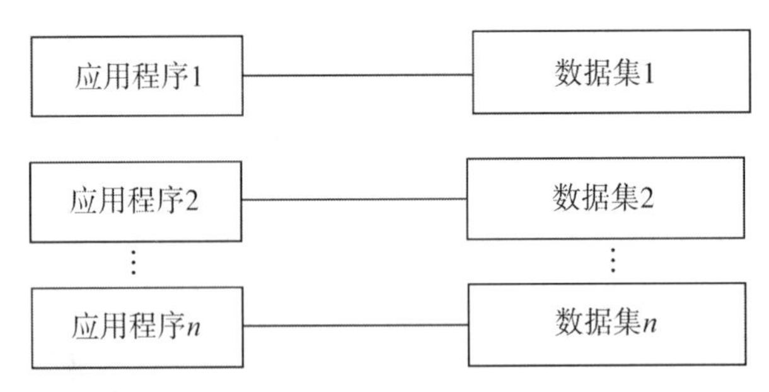

图 1-1　人工管理阶段

2. 文件系统阶段

文件系统阶段一般指 20 世纪 60 年代，当时计算机不仅用于科学计算，而且大量用于管理，在软件上出现了操作系统，并且数据管理属于操作系统的一部分，出现了文件管理系统，由操作系统负责对数据按照文件管理方式进行管理。在硬件上出现了直接存储的存储器，数据可重复使用。

在文件系统中，数据按其内容、结构和用途组成若干命名的文件，文件一般为某用户或用户组所有，但只可供指定的用户共享，如图 1-2 所示。

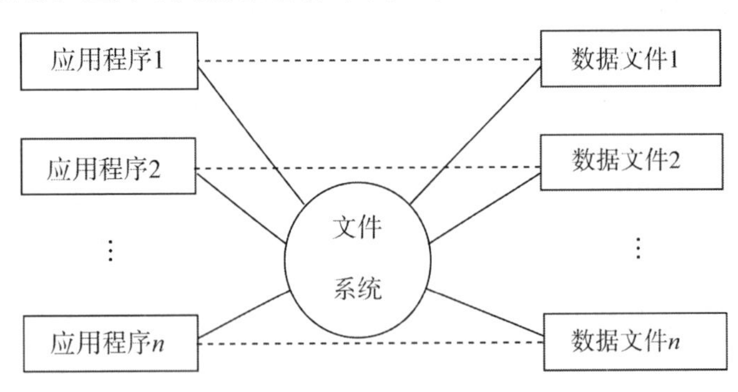

图 1-2　文件系统阶段

例如某学校的学生处、教务处、宿管中心分别要对学生的信息进行管理，由于它们各自处理的信息不同，因此若用文件系统实现，则各部门的数据组织如下。

学生处要处理的信息有：学号，姓名，性别，系名，年级，专业，年龄，政治面貌，生源地，家庭住址等。

教务处要处理的信息有：学号，姓名，性别，系名，年级，专业，课程名，成绩，

学分等。

宿管中心要处理的信息有：学号，姓名，性别，系名，年级，专业，宿舍号，床位号，宿舍电话，寝室长等。

在该阶段，各个部门的应用程序分别要拥有自己的数据，即一个文件，但在这三个文件中，重复的数据项非常多，因此造成了比较严重的数据冗余，从该例中我们可以看出文件系统阶段存在着以下的问题：

(1) 数据冗余浪费了大量的存储空间，并且带来了潜在的不一致性。该阶段数据基本上还是面向应用的，当不同的应用使用部分相同的数据时，需要分别存储，而不能共享，因此造成了很大的冗余，并且也给数据的修改带来了潜在的不一致性。比如说，有一个学生从计算机系转到了英语系，由于某种原因可能没有通知到宿管中心，则会造成该学生在宿管中心的记录中还是计算机系，在数据处理中必然出现了错误。再比如，某个学生由于某种原因而退学了，如果没有通知到宿管中心，则他的床位将会被一直占着直到该生毕业，必然造成了学校资源的浪费。

(2) 应用程序与数据结构过分依赖，系统很难扩充。在文件系统阶段，文件是为某一个应用程序服务的，因此一旦应用程序要改变，就造成了文件数据结构的改变；反之若数据结构要改变，也造成了应用程序要作相应的变动。

比如，宿管中心在实际使用中发现对学生还要增加一个信息，如学生的身体状况，则需要在第三个文件中增加一项数据，在修改文件数据结构的同时，也要改变相应的应用程序。

(3) 缺乏对数据的统一控制能力。因为文件系统对数据进行管理的能力还是比较弱，因此对数据的安全性、正确性等方面的管理能力比较差，若用户要提高安全性，则只能在应用程序中实现，这样使应用程序的编写非常麻烦。

3. 数据库系统阶段

随着数据管理规模的不断扩大，数据量急剧增加，为了提高效率，人们开始对文件系统加以扩充，研制成倒排文件系统等。在 20 世纪 60 年代末，磁盘技术取得了重要进展，大容量和快速存取的磁盘陆续进入市场，同时成本也有了很大程度的下降，这就为数据库技术的实现提供了良好的物质条件。

60 年代中期，出现的大多数系统（如 Data Base 或 Data Bank）还不能真正称为数据库系统。数据管理技术进入数据库阶段的标志是 60 年代后期的三大事件：

(1) 1968 年，IBM 公司成功研制了层次数据管理系统。

(2) 美国 1971 年公布的 DBTG 报告提出网络数据库系统。

(3) IBM 公司 1970 年发表了一系列论文，奠定了关系数据库系统的理论基础。

进入 20 世纪 70 年代后数据库技术又有了很大的发展。其发展主要表现在以下 3 个方面：

(1) 出现了许多商品化的数据库管理系统。这些计算机软件大都是基于网状模型和层次模型的数据库方法，DBTG 方法及思想对各种数据库系统影响很大。

(2) 数据库技术成为实现和优化信息系统的基本技术。商用的数据库管理系统的推出和运行使数据库技术日益广泛地应用到企业管理、交通运输、情报检索、军事指挥、政府管理和辅助决策等各个方面，并深入到人类生产和生活的各个领域。

(3) 关系方法的理论研究和软件系统的研制取得了很大成果。1974—1979年间，IBM公司San Jose研究实验室在IBM 370系列机上研究关系数据库实验系统System R获得了成功，1981年IBM公司又宣布了具有System R特征的新型数据库软件产品SQL/DS问世。与此同时，美国加州大学伯克利分校也研制了INGRES关系数据库实验系统，并紧跟着推出了商用INGRES系统。这些成果，使关系方法从实验室走向了社会。

在计算机领域中，有人把20世纪70—80年代称为数据库时代。20世纪80年代，几乎所有新开发的系统均是关系系统。同时，微型机的关系数据库管理系统也越来越丰富，性能越来越好，功能越来越强，它的应用遍及各个领域。

1.1.2 数据库技术的特点

1. 数据的共享性

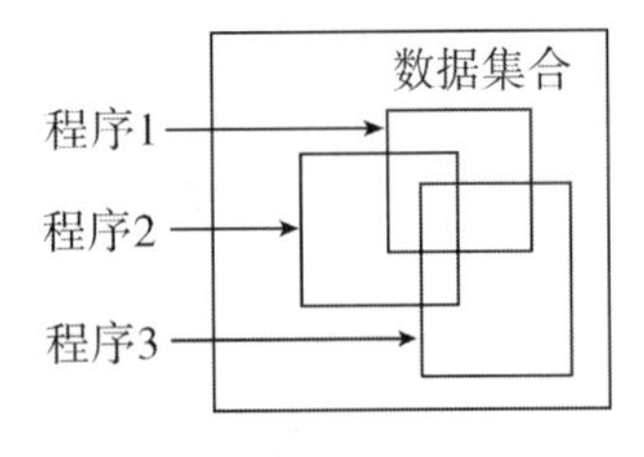

图 1-3 数据的共享

数据库系统从整体角度来看待和描述数据，数据不再面向某个应用而是面向整个系统。数据共享是数据库系统的目的，也是它的重要特点。一个数据库内的数据，不仅可以为同一企业或组织内部的各个部门所共享，也可以为不同组织、不同地区甚至不同国家的用户所共享。各个用户可以在相同时间使用同一数据库，每个用户使用其中的一部分数据可以互相交叉和重叠，如图1-3和图1-4所示。

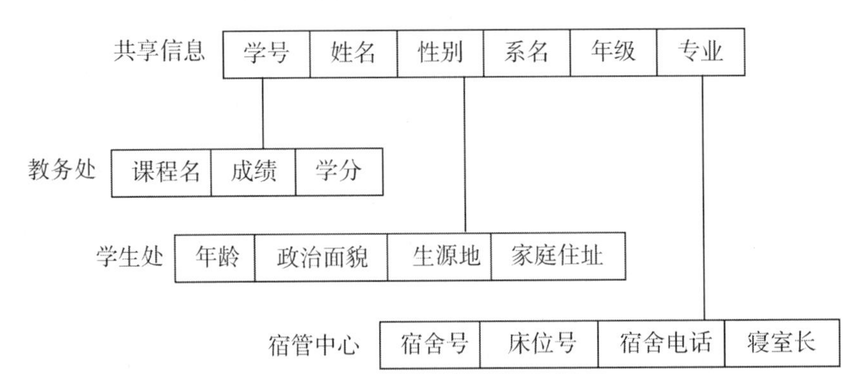

图 1-4 数据共享范例

2. 数据和程序的独立性

在数据库系统中，系统提供映像的功能。确保应用程序对数据结构和存取方法有较高的独立性。一个数据库管理系统存在的理由就是为了在数据组织和用户的应用之间提供某种程度的独立性。数据的独立性可以分为两级：

(1) 物理独立性。即数据的物理结构，如外存设备、存储结构、存取方法等的改变不会影响到逻辑结构，因此也不需要改变应用程序。

(2) 逻辑独立性。即数据库的逻辑结构发生，如定义的修改、新数据类型的加入、逻辑联系的改变等不影响原有程序数据库的存取。迄今为止，这一独立性还不能彻底实现。

3. 数据由DBMS集中管理

由于数据库中的数据被不同的用户所共享，因此会引起并发操作带来的很多问题，这需要由DBMS集中统一控制，如图1-5所示。DBMS主要提供数据完整性控制、数据安全性控制和并发控制，具体内容我们将在后面的章节中介绍。

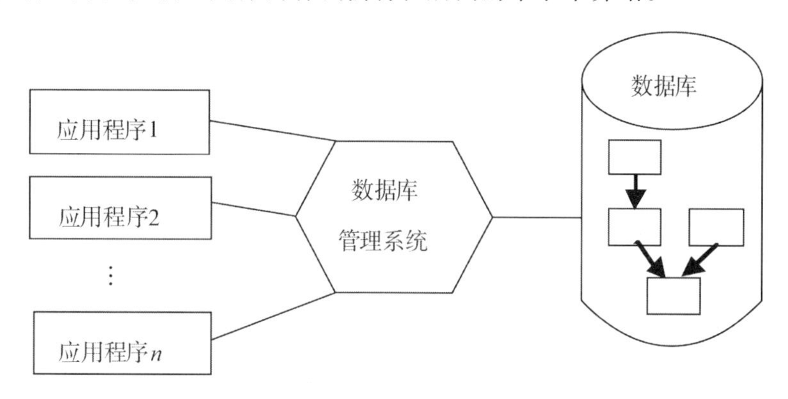

图1-5　数据的集中管理

1.1.3　数据库中的基本概念

1. 数据（Data）

数据实际上是描述事物的符号记录。在日常生活中人们直接用自然语言（如汉语）描述事物。在计算机中，为了存储和处理这些事物，就要抽象出这些事物的特征组成一个记录来描述。例如，在学生档案中，如果人们最感兴趣的是学生的姓名、性别、出生年月、籍贯、系名、入学时间，那么可以这样描述：

（李光，男，1984，浙江，英语系，2004）

数据与语义是不可分的。对于上面这条学生记录，了解其语义的人会得到如下信息——李光是个大学生，男，1984年出生，浙江人，2004年考入英语系；而不了解语义的人则无法理解其含义。可见，数据的形式本身并不能完全表达其内容，需要经过语义解释。

2. 数据库（Database，DB）

用简明的话描述数据库时可以把数据库定义为"存放数据的仓库"，但仓库中的数据应该是有联系的，且是按照规定数据结构来组织并有专人管理的。因此对于数据库的较为全面的定义为：

数据库是长期存储在计算机中的有组织、可共享的数据集合。这些数据是现实世界中的一些相关信息，它们为特定的应用服务。

3. 数据库管理系统（Database Management System，DBMS）

数据库管理系统是一个以统一的方式管理、维护数据库中数据的一系列软件的集合。用户一般不能直接加工或使用数据库中的数据，而必须通过数据库管理系统。DBMS的主要功能是维持数据库系统的正常活动，接受并响应用户对数据库的一切访问要求，包括建立及删除数据文件，检索、统计、修改和组织数据库中的数据及为用户提供对数据库的维护手段等。

4. 数据库系统

数据库系统是指在计算机系统中引入数据库后的系统构成。一般由数据库、数据库管理系统、计算机软、硬件以及数据库管理员和用户等组成。

1.2 数据库模型

数据模型是数据库系统的核心和基础，在各种型号的计算机上实现的计算机管理系统都是基于某种数据模型的。

在现实生活中，模型的例子随处可见，一张地图、一座楼的设计图都是具体的模型。这些模型都能很容易使人联想到现实生活中的事物。人们在对数据库的理论和实践进行研究的基础上提出了各种模型。由于计算机不能直接处理现实世界中的具体事物，所以人们必须把具体事物转换成计算机能够处理的数据。

数据库系统的主要功能是处理和表示对象和对象之间的联系。这种联系用模型表示就是数据库模型，它是人们对现实世界的认识和理解，也是对客观现实的近似描述。数据库模型更多地强调数据库的框架和数据结构形式，而不关心具体数据。不同的数据库模型实际上是提供模型化数据和信息的不同工具，根据模型应用的不同目的，可以将这些数据库模型分为两类，它们分别属于不同的层次。第一类模型是概念模型，它是按用户的观点来对数据和信息建模，主要用于数据库设计。第二类模型的数据模型，主要包括网状模型、层次模型、关系模型等。它是按计算机系统的观点对数据建模，主要用于数据库管理系统的实现。

1.2.1 概念模型

为了把现实世界中的具体事物抽象、组织为某一个数据库管理系统所能识别的数据模型，人们首先需要将现实世界抽象为信息世界，然后将信息世界转换为机器世界。也就是说，首先要把现实世界中的客观对象抽象为某一种信息结构，这种信息结构并不依赖于具体的计算机系统，而是概念级的模型。因此，概念模型实际上是现实世界到机器世界的一个中间层次，设计时要与用户密切合作，力求建立一个正确反映客观事实的概念模型。

概念模型有很多种，其中最为流行的一种是实体-联系模型（Entity-Relationship Model，E-R模型)，由美籍华人陈平山于1976年提出。人们一般用E-R方法建立概念模型。它的基本语义单位是实体与联系，下面介绍它的一些主要概念。

1. 概念模型中的基本概念

(1) 实体。客观存在并可相互区别的事物称为实体，是任何一种我们所关心的“事物”，可以指人，也可以指物，可以是实际的东西，也可以是抽象的、概念性的东西。例如：学生、桌子、系等。实体分为两级，一级为“个体”，如“张三”、“李四”等；另一级为“总体”，泛指某一类个体组成的集合，如“人”。

(2) 属性。实体所具有的某一特性称为属性。一个实体可以由若干个属性来描述，例如，学生实体可以由学号、姓名、性别、出生年月等属性组成。这些属性组合起来可以表示某一个学生。

(3) 联系。联系一般是指实体相互之间关系的抽象表示，亦即现实世界中事物之间的语义关系。例如："教师"教导"学生"，"系"属于"学校"，"工人"生产"产品"，"学生"选修"课程"等。实体之间的联系可以分为3类。

- 一对一联系（1∶1）。两个实体集A、B中的每一个实体最多只能和另一个实体集中的一个实体有联系，则A、B之间存在着一对一的联系。现实生活中存在很多一对一联系的例子，例如：观众与座位、乘客与车票、病人与床位等。
- 一对多联系（1∶n）。实体集A中至少有一个实体对应于实体集B中多于一个的实体，则称A对B是一对多联系。在现实生活中一对多的例子也很多，例如：部门与职员、班级和学生、国家与城市等。
- 多对多联系（m∶n）。两个实体集A、B中的每一个实体都和另一个实体集中任意多个实体有联系，则称这两个实体集是多对多的联系。在现实生活中的多对多的例子有：学生和课程，一个学生可以选修多门课程，一门课程可以被多个学生选修；商店与商品，一个商店可以出售多种商品，一种商品可以在多个商店出售；图书与用户，等等。

实体间的联系可以归纳为以上3类，但两个实体之间的联系到底是属于哪一种，不能光从名字上来判断，需要从实际情况出发来判断。比如，班主任和班级，如果有的学校规定一个班主任只能带一个班，那么是一对一的联系，若一个班主任可以带多个班，则这两个实体之间的联系就成为一对多的联系了。

(4) 码。码又称为键或关键字，是唯一能使实体集中的每一个实体的属性或属性组。例如：学生的学号，工人的职工号，选课表的学号、课程号等。在此，大家要注意，码并不一定只有一个属性，很可能是由多个属性组组成的。

(5) 域。域为属性所取的值的变化范围。即一个实体集中各实体的同一属性具有的值在一定范畴之内，这一范畴称为该属性的值域，简称为域。一个属性的值域可以是整数、实数、字符串等，如"人"这个实体集的"姓名"属性的值域是字符串，"年龄"的值域是整数，"性别"的值域为"男、女"等。通常属性是个变量，属性值是变量所取得的值，而域是变量取值的集合。

2. 概念模型的表示方法

E-R图中主要用3种符号来表示实体之间的联系，下面进行介绍。

· 矩形。表示一个实体型，在矩形框内写上实体名。

· 椭圆形。表示实体的属性，在椭圆形内写上属性的名称，用无向的线条将它与相对应的实体连接起来。

· 菱形。表示联系，在菱形框内写上联系名，用无向边分别与有关实体联系起来，并且在边上标明该实体之间的联系类型（1∶1，1∶n或m∶n）。

在此要注意，联系本身也是一种实体，也可以有属性。如果一个联系具有属性，也应该在椭圆形内写上属性名，然后用无向边与联系连接起来。

再例如用E-R图来表示以下的概念模型。

观众与座位在特定的影院和时间，它们之间的联系是一对一的，如图1-6 (a) 所示。

国家与城市之间的联系是一对多的，如图 1-6（b）所示。

学生与课程之间的联系是多对多的，并且该联系有一个属性，即成绩，如图 1-6（c）所示。

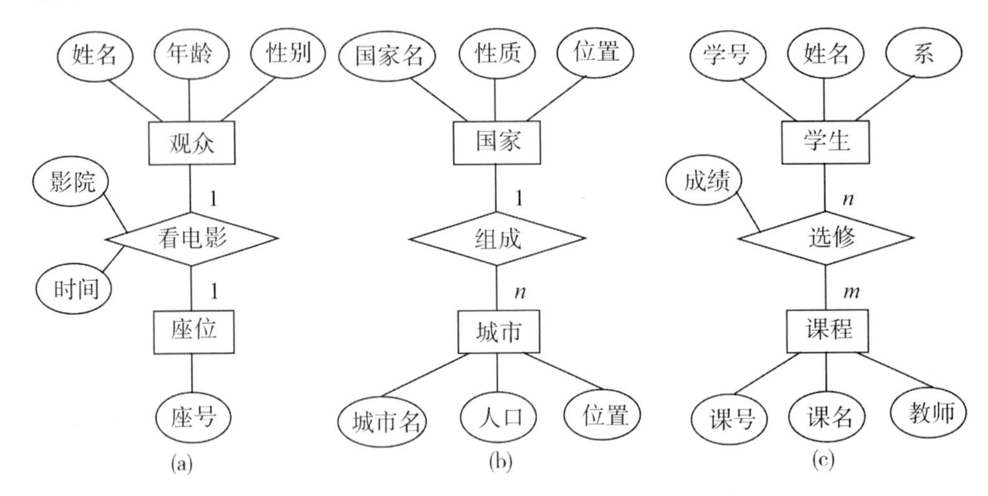

图 1-6　3 种类型联系的 E-R 图

再例如用 E-R 图来表示商店销售管理的概念模型。

图 1-7 是商店销售管理的 E-R 图，这是一个比以上几个例子都复杂的 E-R 图。但从该图中可以非常清楚地看到一个商店销售过程实体与实体之间的联系。如果为了使图不至于太复杂，可以将实体的属性另外表示，在此只给出实体、实体间的联系，以及联系的属性。

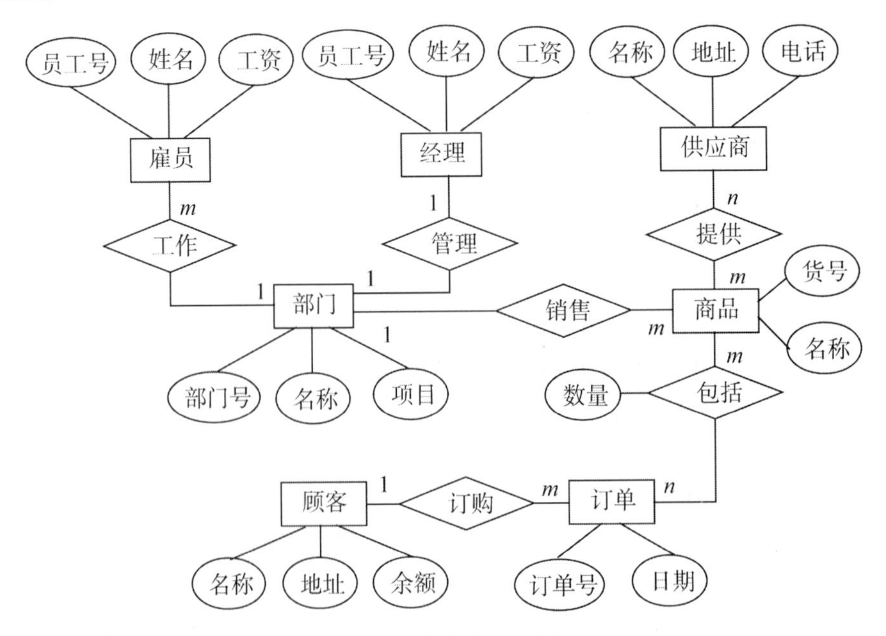

图 1-7　销售的 E-R 图

商品销售 E-R 图涉及的实体有以下几种。

- 雇员，属性有：员工号，姓名，工资。
- 经理，属性的组成同雇员，因为经理本身也是员工的一员。
- 部门，属性有：部门号，名称，项目。
- 供应商，属性有：名称，地址，电话。
- 商品，属性有：货号，名称。
- 订单，属性有：订单号，日期。
- 顾客，属性有：名称，地址，余额。

这些实体之间的联系如下。

(1) 一个供应商可以供应多个商品，一种商品可以从多个供应商中购买；各供应商的价格不同，因此供应商和商品是多对多的关系；

(2) 每个部门有一个经理和若干雇员，每个雇员只属于一个部门，因此部门和经理是一对一的关系，部门和雇员是一对多的关系；

(3) 每个部门负责销售某些商品，每种商品规定只由一个部门销售，因此部门和商品是一对多的关系；

(4) 一个订单中可以有多个商品，当然一个商品可以被包含在多个订单中，因此，商品和订单是多对多的关系；

(5) 顾客去买东西开订单买商品，由商店送货上门，每个顾客可以开多个订单，因此，顾客和订单是一对多的关系。

1.2.2　数据模型

数据模型是一种形式化描述数据、数据之间联系以及有关语义约束的方法，是数据库系统中用于提供信息表示和操作手段的形式框架。一般来讲，任何一种数据模型都是严格定义的概念的集合。这些概念必须能够精确地描述系统的静态特性、动态特性和完整性约束条件。因此数据模型通常都是由数据结构、数据操作和完整性约束 3 个要素组成。

1. 数据结构

数据结构用于描述系统的静态特性。

它是数据模型的最基本成分，它规定如何把基本数据项组织成大的数据单位，并通过这种结构来表达数据项之间的联系。由于数据模型是向用户提供的，因此所规定的基本数据结构类型应该是简单的、基本的、易于为用户理解的；另外，这种基本数据结构类型还必须有足够强的表达能力，即由这些基本数据结构类型可以有效地表达数据之间各种复杂的语义关系。

在数据库系统中，人们通常按照其数据结构的类型来命名数据模型，例如，层次结构、网状结构和关系结构的数据模型分别命名为层次模型、网状模型和关系模型。

2. 数据操作

数据操作用于描述系统的动态特性。

数据操作是指对数据库中各种对象（型）的实例（值）允许执行的操作的集合，包括操作及有关的操作规则。数据的操作主要有检索和更新两大类。数据模型必须定义这些操作的确切含义、操作符号、操作规则（如优先级）以及实现操作的语言。

3. 数据的约束条件

数据的约束条件是完整性规则的集合，完整性规则是给定的数据模型中数据及其联系所具有的制约和依存规则，用以限定符合数据模型的数据库状态以及状态的变化，以保证数据的正确和有效。

数据的约束条件应该反映和规定数据模型必须遵守的基本的通用的完整性约束条件。例如，在关系模型中，任何关系必须满足实体完整性和参照完整性两个条件。

此外，数据模型还应该提供定义完整性约束条件的机制，以反映具体应用所涉及的数据必须遵守的特定的语义约束条件。例如，在学校的数据库中规定学生的成绩为0～100，学生累计成绩不得有3门以上不及格，性别只有男和女等。

1.2.3 常用数据模型

1. 层次模型（Tree Type Model）

层次模型是数据库系统中最早出现的数据模型，层次数据库系统采用层次模型作为数据的组织方式。层次数据库系统的典型代表是IBM公司的IMS（Information Management System，信息管理系统），这是1968年IBM公司推出的第一个大型的商用数据库管理系统，曾经得到广泛的使用。

在现实世界中，许多实体之间的联系本身就是一种自然的层次关系。层次模型是以记录型为节点的有向树。在树中，把无双亲的记录称为根记录，其他记录称为从属记录。除根记录外，任何记录只有一个父记录。一个父记录可以有多个子记录。从根记录开始，一直到最下一层的记录为止，所具有的层次称为该数据模型的层次，或称层次模型。

图1-8是一个层次数据模型，这个树结构由5个记录型节点组成：1个根节点——系（Department），4个叶节点——管理人员（Admin-Staff），教师（Teacher），学生（Student），课程（Course）。这是一个大学里关于系的管理信息数据库。由于对应于每个节点的记录型有多个记录值，故在将具体记录值代入数据模型时，为了清晰起见，有时用符号或一个字母来代表一个节点，如图1-8（b）所示，每个记录型为英文名称的第一个字母，即

D——系

A——管理人员

T——教师

S——学生

C——课程

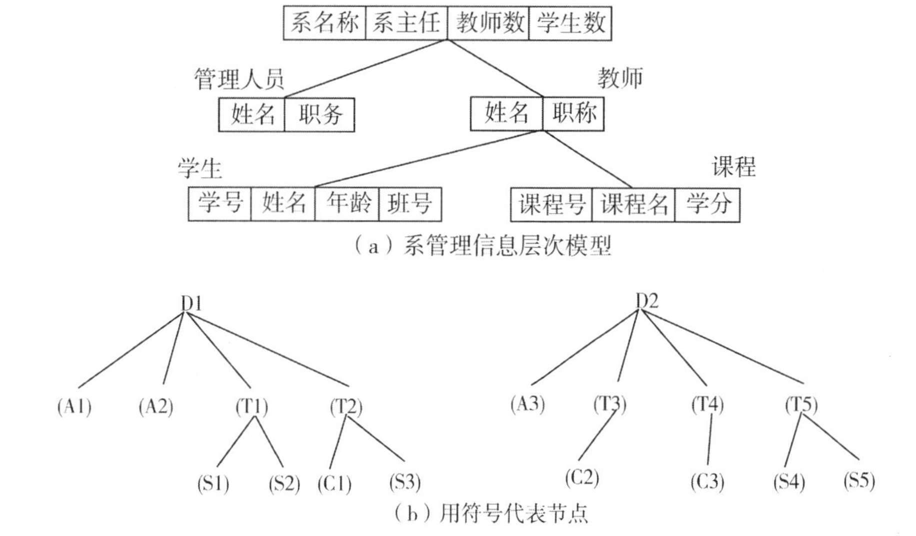

图 1-8　层次数据模型

从图1-8中可以看出，对于层次数据模型中同一个记录型，在不同的实现中可以有不同数量和内容的记录值。在层次模型的树结构中，包含了两种实体关系：1∶m关系和1∶1关系。这两种关系是三种实体关系中较简单的关系。

2. 网状模型（Network Model）

层次模型的数据结构是一棵树。现实世界中普遍存在着非层次型关系，要用树结构来描述它们，就首先必须将它们转化为等价的层次结构，由此会带来数据冗余等一系列其他问题。由于层次模型的局限性，出现了另一种数据模型——网状模型。

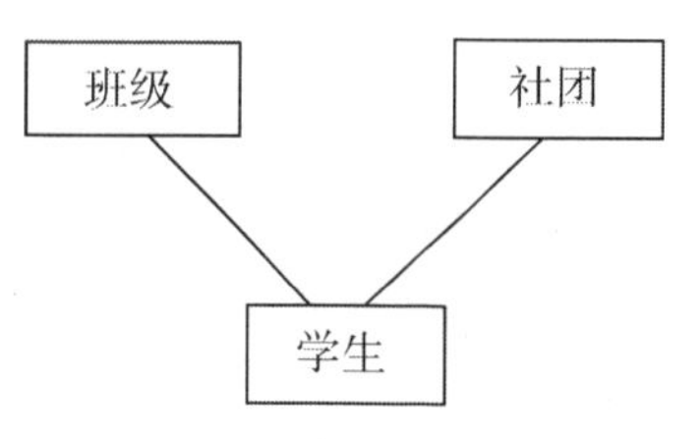

图 1-9　简单网状模型

网状模型的数据结构是一个图，图中的节点是记录型，而节点之间用线段相连，表示彼此之间的关系，如图1-9所示。

网状模型没有层次模型的两个限制，即

（1）最高层只有一个节点，称为根；

（2）根以外的其他节点有且仅有一个父节点。

这意味着，在网状模型中，任何一个节点可以有多于一条的线段与其他节点相连，表示与不同节点间的不同关系。另外，在一对节点之间甚至可以有不止一条线段相连，表示一对节点间可以有多种不同的关系。由此可见，层次模型是网状模型的特殊形式，网状模型则是层次模型的一般形式。网状数据结构的实体关系比层次结构的实体关系更加普遍，网状数据库的典型代表是DBTG系统。

网状数据模型主要有以下几种。

（1）简单网状模型：在任意两节点中不存在直接的m∶n关系，如图1-9所示。

（2）复杂网状模型：允许两节点间的关系是m∶n关系，图1-10所示就是一个复杂网状模型的例子。

(3) 简单环形模型：如果在一个网状模型中，节点之间的关系都是1∶m关系，并且形成一个回路，那么它就是一个简单环形模型，如图1-11所示。

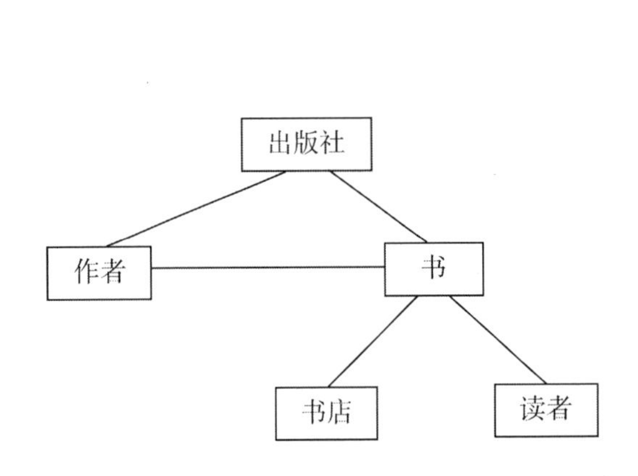

图1-10　复杂网状模型

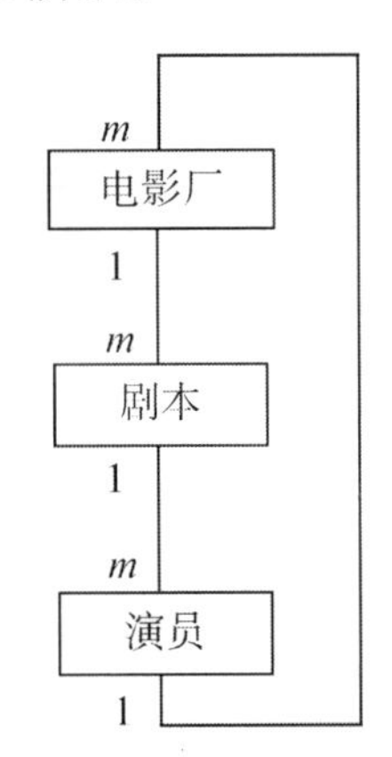

图1-11　简单环形模型

在图1-11中，一个电影制片厂可以有多个电影文学剧本要拍成电影，而一个剧本由许多演员参加拍摄成电影，一个演员可以拍摄不同电影制片厂的电影。在简单环形模型中，实体间的联系是1∶m关系。

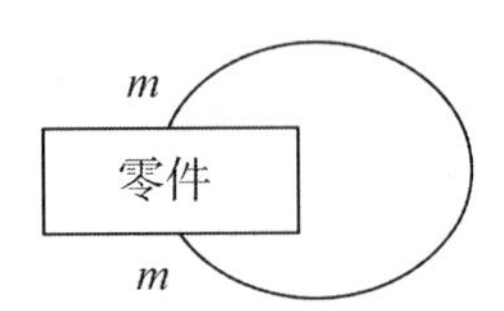

图1-12　复杂环形模型

(4) 复杂环形模型：在图1-12所示的环形结构中，一种零件可由若干其他零件装配而成，而这些零件中的每一个也可能由多种别的零件装配而成，于是它们的联系就是m∶m关系，这样一种环叫做复杂环形模型。

3. 关系模型(Relational Model)

在现实生活中，经常用到数据表格，如学生的成绩单、职工的工资单等。如果在数据库中能够以表格的形式来表达和管理信息，会使用户感到更加方便。1970年IBM公司提出了关系模型，开创了数据库系统的新纪元。

关系模型是以关系代数为理论基础，以集合为操作对象的数据模型，其表现形式正好是在现实生活中经常用到的数据表格——二维表格。对于一些非常复杂的表格，通常在关系模型中可以用多个二维表来表示。这些二维表通常有一定的联系，人们从不同的二维表中抽取有用的信息，构建新的表格来表达这些联系。

1.3　关系数据库

1.3.1　关系的数学定义

关系理论的数学机理是集合论，关系理论中的相关定义及操作都是以集合的形式给出的。

1. 笛卡儿积

设$D1$，$D2$，…，Dn为n个集合，称$D1 \times D2 \times \cdots \times Dn =$ {($d1$，$d2$，…，dn)

| $di \in Di$，$i=1$，2，…，n} 为集合 $D1$，$D2$，…，Dn 的笛卡儿积。n 称为笛卡儿积的元数，每一个（$d1$，$d2$，…，dn）称为笛卡儿积的元组。

若 Di（$i=1$，2，…，n）为有限集，基数 mi 是指对应集合中元素的个数。由该 n 个集合求得的笛卡儿积 $D1 \times D2 \times \cdots \times Dn$ 也是一个集合，并且也是有限集，基数 M 为

$$M = \prod_{i=1}^{n} m_i$$

笛卡儿积可表示为一个二维表，表中的每行对应一个元组，表中的每列对应一个集合 Di。例如，我们给出 3 个集合

$D1$＝学生集合＝｛鲍小仁，屠敏｝

$D2$＝性别集合＝｛男，女｝

$D3$＝专业集合＝｛信息管理，网络通信｝

则 $D1 \times D2 \times D3$ 的笛卡儿积为

$D1 \times D2 \times D3$＝｛（鲍小仁，男，信息管理），（鲍小仁，男，网络通信），
（鲍小仁，女，信息管理），（鲍小仁，女，网络通信），
（屠敏，男，信息管理），（屠敏，男，网络通信），
（屠敏，女，信息管理），（屠敏，女，网络通信）｝

共有 8 个元组，可对应成表 1-3 所示的一张二维表。

表 1-3　笛卡儿积

学生	性别	专业
鲍小仁	男	信息管理
鲍小仁	男	网络通信
鲍小仁	女	信息管理
鲍小仁	女	网络通信
屠　敏	男	信息管理
屠　敏	男	网络通信
屠　敏	女	信息管理
屠　敏	女	网络通信

2. 关系

笛卡儿积 $D1 \times D2 \times \cdots \times Dn$ 的子集称为 $D1$，$D2$，…，Dn 上的关系，记为 $R(D1, D2, \cdots, Dn)$。$D1, D2, \cdots, Dn$ 对应为关系中的各个属性，n 为关系的元数。

笛卡儿积实质上是集合 $D1$，$D2$，…，Dn 中各个元素的充分结合，是集合 $D1$，$D2$，…，Dn 所能构建元组集合的上限。分析表 2.2，无法再从 $D1$，$D2$，…，Dn 给定的值域中组合出一个（$d1$，$d2$，…，dn），区别于表 2.2 中的 8 个元组。所以说，笛卡儿积是属性 $D1$，$D2$，…，Dn 上的最大关系。

事实上的关系是根据实际情况对笛卡儿积的筛选，是笛卡儿积的真子集。对表 1-3 进行分析，一个学生的性别是特定的，一个学生只能就读于一个专业，如此可得到一个关系，如表 1-4 所示。

表 1-4　关系

姓名	性别	专业
鲍小仁	男	信息管理
屠　敏	女	网络通信

在数据库中，对关系要求规范化。数据库中的关系有如下的性质：

(1) 关系中的每一个属性是不可分解的，每个属性的取值必须是不可分割的数据项。

(2) 关系中的列是同质的。每一列表征实体的一个属性特点，列中的每一个分量必须具有相同的类型，且来自于同一个值域。

(3) 列又称为属性，每一列必须有确定、互异的列名。

(4) 关系中元组的顺序（即行序）可以任意互换。

(5) 关系中属性的顺序（即列序）可以任意互换。

(6) 同一个关系中不允许出现完全相同的元组。

1.3.2　关系代数

一个关系是 N 个元组的集合，每个元组又是由 K 个属性组成。数学范畴的集合运算如并、交、差、笛卡儿积等，可以扩展应用到关系的运算中来。另外，在关系代数中还有的另一种运算，是专门为关系数据库环境度身定做的，如选择（对关系进行水平分解）、投影（对关系进行垂直分解）、连接（关系的结合）等，称为关系的专门运算。关系代数的运算可分为两类：一类是传统的集合运算，另一类是专门的关系运算。

1. 传统的集合运算

在关系代数的集合运算中，将关系看成集合，关系中元组看成集合的元素。传统的集合运算都是二目运算，且运算都有是从关系的“水平”方向，即行的角度进行的，在这里主要介绍并、交、差、笛卡儿积。

(1) 并（∪）。

关系 R（图 1-13 (a)）和 S（图 1-13 (b)）具有相同的型，R 和 S 的并是由属于 R 或属于 S（包括同时属于 R 和 S）的元组组成的集合，记为 R∪S，并运算如图 1-13 (c) 所示。

要注意的是，对于并运算的两个操作对象——关系 R 和关系 S，必须具有相同的型，即具有相同的属性名及属性个数，每个属性的类型、值域均应相同。在实际数据库的操作中，我们还要考虑语义的需要。例如，有以下所示的两个同型的关系模式：

某图书馆图书借阅表（卡号，编号，价格，日期，经手人）
某会员制超市销售表（卡号，编号，价格，日期，经手人）

若对这两个关系进行并运算，除了混淆数据，并无任何实际意义。所以在对关系进行并运算时，不仅要考虑数学上的可行性，更要考虑数据库上的可行性。同样的分析也适用于后续讲到的交、差等运算中。

(2) 差（－）。

关系 R 和 S 具有相同的型，R 和 S 的差是由属于 R 而不属于 S 的所有元组组成的

集合，记为 R－S，差运算如图 1-13（d）所示。

用户自行完成 S－R 运算，观察运算结果可知，R－S 与 S－R 是两个不同的运算，即差运算不满足交换律。

A	B	C
a	3	a
c	3	a
d	2	b
b	1	b

（a）R

A	B	C
a	3	a
b	1	a

（b）S

A	B	C
a	3	a
c	3	a
d	2	b
b	1	b
b	1	a

（c）R∪S

A	B	C
c	3	a
d	2	b
b	1	b

（d）R－S

A	B	C
a	3	a

（e）R∩S

R. A	R. B	R. C	S. A	S. B	S. C
a	3	a	a	3	a
a	3	a	b	1	a
c	3	a	a	3	a
c	3	a	b	1	a
d	2	b	a	3	a
d	2	b	b	1	a
b	1	b	b	1	a

（f）R×S

图 1-13　传统的集合运算举例

（3）交（∩）。

关系 R 和 S 具有相同的型，R 和 S 的交是由同时属于 R 和 S 的所有元组组成的集合，记为 R∩S，其结果关系如图 1-13（e）所示。

（4）笛卡儿积（×）。

设 R 的属性个数为 n，S 的属性个数为 m，则 R 和 S 的笛卡儿积的属性个数为

$(n+m)$，记为 R×S，其结果关系如图 1-13（f）所示。结果关系中的元组为关系 R 中的每一个元组与 S 中的所有的元组的组合。

笛卡儿积实质上是两个关系的广义乘积，考虑的是两个关系相关联时的所有可能情况。笛卡儿积对两个关系的型没有任何要求。分析图 1-13（f），由于关系中属性的顺序任意，我们不难发现 R×S＝S×R。

2. 专门的关系运算

（1）选择（σ）。

选择运算是根据给定的条件对关系进行水平（行）分解，选择符合条件的元组。选择条件用 F 表示，在关系 R 中挑选满足条件 F 的所有元组，组成一个新的关系，这个新关系是关系 R 的一个子集，记为 $\sigma_F(R)$。选择运算是一项单目运算。

若取图 1-14（a）中的关系 R，F 条件为 B＝3，作选择运算，$\sigma_{B='3'}(R)$，则运算结果如图 1-14（c）所示。可见选择运算的结果必将使关系的行数减少（或不变）。

需要说明的是，F 是一个逻辑表达式，取值为“真”或“假”，只有使 F 值为“真”的元组才会出现在结果关系中。F 表达式中可以使用“＜、＜＝、＝、＞、＞＝、≠”之类的算术运算符，也可以使用“（非）、（与）、（或）”之类的逻辑运算符。F 中出现的属性名也可改写成序号形式，如

$$\sigma_{B<'3'AA='b'}(R)或\ \sigma_{2<'3'\wedge 1='b'}(R)$$

就是一个复杂条件的选择运算，运算结果如图 1-14（d）所示。在此，比较运算符右边的常量用引号引起来，因为该字段是字符型的。

（2）投影（Π）。

投影运算是根据给定的列表对关系进行垂直（列）分解，选取指定的属性。属性列表用 A 表示，从关系 R 中挑出指定的若干属性，去除重复的元组，得到一个新的关系，记为 $\Pi_A(R)$。

若对图 1-14（a）中的关系 R 作如下运算：

$$\Pi_{A,C}(R)或\ \Pi_{1,3}(R)$$

则运算结果如图 1-14（e）所示，投影运算将使关系的列数减少（或不变）。

投影运算不仅是从原关系中消去某些属性，而且有可能引发元组数减少（尤其是消去的属性中包含关键码属性的情况）。例如 $\Pi_C(R)$，由于一个关系中不得有完全相同的两个元组，因此必须去除重复项，结果如图 1-14（f）所示。

（3）连接（⋈）。

连接运算涉及两个关系，是一个双目运算，可以表示为 R ⋈ S。连接是从 R 和 S 的笛卡儿积（R×S）中选择出属性 A、B 满足某种条件的子集。一般 A、B 是 R 和 S 关系中的具有可比性的属性，θ 是比较运算符，它可以是＜、＜＝、＝、＞、＞＝、≠等。

若对图 1-14（a）、(b）中的关系 R、S 作运算 $R \underset{R.B=S.B}{\bowtie} S$，结果如图 1-14（g）所示。

A	B	C
a	3	a
c	3	a
d	2	b
b	1	b

(a) R

A	B	C
a	3	a
b	1	a

(b) S

A	B	C
a	3	a
c	3	a

(c) $\sigma_{B='3'}(R)$

A	B	C
b	1	b

(d) $\sigma_{B<'3' \wedge A='b'}(R)$

A	C
a	a
c	a
d	b
b	b

(e) $\Pi_{A,C}(R)$

C
a
b

(f) $\Pi_{C}(R)$

R. A	R. B	R. C	S. A	S. B	S. C
a	3	a	a	3	a
c	3	a	a	3	a
b	1	b	b	1	a

(g) $R \underset{R.B=S.B}{\bowtie} S$

图 1-14　专门的关系运算举例

设关系 R 和 S 的属性数分别是 k1、k2，则它们的连接运算结果是一个（k1＋k2）元关系。可以通过选择和笛卡儿积的结合来表示连接关系：

$$R \underset{A\theta B}{\bowtie} S = \sigma_{A\theta B}(R \times S)$$

当 θ 为“＝”时，为等值连接；θ 为“＜”时，为小于连接；θ 为“＞”时，为大于连接，一般把连接称为 θ 连接。另外，在关系数据库运算中，还有常用的一种连接，称为自然连接。自然连接是连接运算的一种特殊情况，只有当两个关系含有公共属性名时才能进行。其意义是从两个关系的笛卡儿积中选择出公共属性值相等的那些元组，并去除重复属性构成的关系，记为 $R \bowtie S$。

自然连接也可以看成是选择、投影与笛卡儿积的复合运算，若有关系模式：

R(A，B，C，D)和 S(C，D，E，F)

则 $R \bowtie S = \Pi_{A,B,C,D,E,F}(\sigma_{R.C=S.C \wedge R.D=S.D}(R \times S))$，具体运算参见图 1-15。

自然连接是关系代数中常用的一种运算，在关系数据库理论中起着重要的作用，利用选择、投影和自然连接操作可以任意地分解和构造新关系。

A	B	C	D
a1	5	c1	1
a2	5	c1	2
a2	8	c1	2
a1	2	c1	3

关系 R

C	D	E	F
c1	1	5	f1
c2	2	8	f2
c1	3	2	f1

关系 S

A	B	C	D	E	F
a1	5	c1	1	5	f1
a1	2	c1	3	2	f1

关系 R ⋈ S

图 1-15 关系的自然连接运算

(4) 除法(÷)。

除法也是一种双目运算。设有关系 R 和 S，且 R、S 中有相同的属性，则 R 与 S 的除法运算可表示为 R÷S。除法运算的结果是这样的一个关系，属性是由属于 R 而不属于 S 的属性组成，元组是 S 中的所有元组都能在 R 中找到对应，并且余留的属性相同。除法运算近似于笛卡儿积的逆运算。

除法运算的例子如图 1-16 所示。

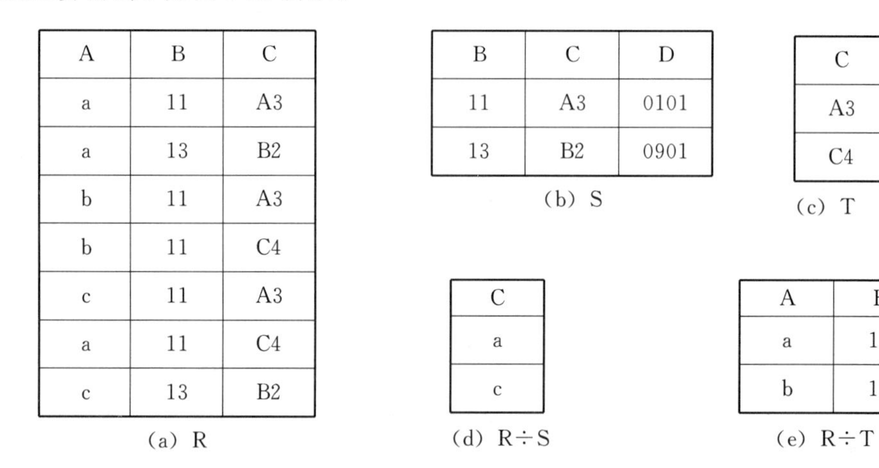

A	B	C
a	11	A3
a	13	B2
b	11	A3
b	11	C4
c	11	A3
a	11	C4
c	13	B2

(a) R

B	C	D
11	A3	0101
13	B2	0901

(b) S

C
A3
C4

(c) T

C
a
c

(d) R÷S

A	B
a	11
b	11

(e) R÷T

图 1-16 关系代数的除法运算举例

3. 关系代数表达式

在本节中将结合具体的实例，分析 4 种传统的关系运算和 4 种专门的关系运算在数据库操作中的具体应用。这里我们要把握一个原则，关系运算的运算对象是关系，运算结果也是一个关系，可以把基本的关系代数运算经过有限次的复合，形成一个复杂的关系运算表达式。用关系表达式可以表示所需要进行的各种数据库查询和更新处理的需求。

设有一个学生-课程关系的数据库，分别由学生关系、课程关系、选课关系组成，如图 1-17 所示。

“学生”表

学号	姓名	性别	年龄	专业	生源地
010205	鲍小仁	男	20	信息管理	平安市
010219	屠敏	女	22	网络通信	开源县
010214	潘明杰	男	22	信息管理	南平市
010301	范海霞	女	20	电子技术	开源县
010324	葛小燕	女	21	电子技术	南平市

“课程”表

课程号	课程名	学分
A001	计算机文化基本	4
A002	程序设计基础	5
L010	大学生思想修养	2
L003	高等数学	3
L112	大学语文	3
A110	Java 程序设计	4

“成绩”表

学号	课程号	成绩
010205	A001	70
010205	A002	68
010205	A010	89
010205	A002	80
010205	A110	0
010205	A110	54
010205	A002	77
010205	A003	66
010205	A110	82
010205	A003	46
010205	A110	67

图 1-17　学生-课程关系

（1）查询电子技术专业的全体学生，这是一个直接的选择运算，其关系代数表达式如下：

$$\sigma_{专业='电子技术'}(学生)或\ \sigma_{5='电子技术'}(学生)$$

运算结果如图 1-18（a）所示。

（2）查询所有成绩不合格的记录，我们可以直接写为

$$\sigma_{成绩<60}(成绩)或\ \sigma_{3<60}(成绩)$$

也可以利用差运算，改写关系代数表达式为

$$U-\sigma_{成绩>=60}(成绩)或\ U-\sigma_{3>=60}(成绩)$$

其中 U 在关系代数中一般表示全集，结果如图 1-18（b）所示。

学号	姓名	性别	年龄	专业	生源地
010301	范海霞	女	20	电子技术	开源县
010324	葛小燕	女	21	电子技术	南平市

（a）第（1）题运算结果

图 1-18　关系代数的选择运算举例

学号	课程号	成绩
010219	L010	0
010301	A002	54
010205	L003	46

(b) 第 (2) 题运算结果

图 1-18 关系代数的选择运算举例 (续)

(3) 查询学生的姓名和所读的专业，即求学生关系在学生姓名和专业两个属性上的投影，其关系代数表达式为

$$\Pi_{姓名,专业}(学生)或\ \Pi_{2,5}(学生)$$

本题中，在无重名学生的情况下，姓名属性可作为候选码。投影操作结果消去了关系中的多个属性，但不会消去关系中的元组，结果如图 1-19 (a) 所示。

(4) 查询所有开考的课程。与考试相关的课程可以从成绩表中取得，其关系代数表达式为

$$\Pi_{课程号}(成绩)或\ \Pi_{2}(成绩)$$

本题的投影运算结果，不仅消去了部分属性，还消去了大量的重复元组，结果如图 1-19 (b) 所示。不难推断，查询所有未开考的课程号为

$$\Pi_{课程号}(课程)-\Pi_{课程号}(成绩)$$

姓名	专业
鲍小仁	信息管理
屠敏	网络通信
潘明杰	信息管理
范海霞	电子技术
葛小燕	电子技术

(a) 第 (3) 题运算结果

课程号
A001
A002
A010
A110
L003

(b) 第 (4) 题运算结果

图 1-19 关系代数的投影运算举例

以上例题中，运算对象都集中在一个关系上，若所需要的信息出自两个及两个以上的关系中，就用到连接运算，最常用的连接运算是自然连接。

连接运算 (包括自然连接) 是两个关系型操作对象满足一定条件的笛卡儿积的子集。与运算对象相比，运算结果在信息量上增加一个数量级。如属性数为原有属性数之和，元组数也会视情况有所增加。为了提高效率，连接运算常与投影运算联合使用。

(5) 在安排补考时，要查询所有有不及格成绩的课程名。

分析该查询的要求，不及格的信息来源于“成绩”表，对“成绩”表作选择，便可得到课程号，若要查询出对应的课程名，则需要与“课程”关系作连接运算。

$$课程 \bowtie \sigma_{成绩<60}(成绩)$$

运算结果如图 1-20（a）所示。结果中有大量的无关信息。按题意要求只需给出课程名便可以了，所以还要对运算结果作投影运算，运算表达式为

$$\Pi_{课程名}(课程 \bowtie \sigma_{成绩<60}(成绩))$$

学号	课程名	成绩	课程名	学分
010219	L010	0	大学生思想修养	2
010301	A002	54	程序设计基础	5
010205	L003	46	高等数学	3

（a）课程 $\sigma_{成绩<60}$（成绩）

课程名
大学生思想修养
程序设计基础
高等数学

（b）第（5）题运算结果

图 1-20　关系代数的连接运算举例

针对第（5）题的查询要求，我们来分析一下关系代数表达式。不难得出，以下 4 个表达式运算结果是相同的。

式 1：$\Pi_{课程名}(课程 \bowtie \sigma_{成绩<60}(成绩))$

式 2：$\Pi_{课程名}(\sigma_{成绩<60}\ (课程成绩))$

式 3：$\Pi_{课程名}(课程 \bowtie \Pi_{课程号}(\sigma_{成绩<60}(成绩)))$

式 4：$\Pi_{课程名}(\Pi_{课程名,课程号}(课程) \bowtie \Pi_{课程号}(\sigma_{成绩<60}(成绩)))$

上述 4 个式子是否完全等价呢？答案是否定的。4 个表达式虽然运算结果相同，但在运算过程中生成的临时信息量不同。“式 1”在运算过程中会产生如图 1-20（a）所示的大量的无关信息。在此例中，因为属性数、元组数均不多，产生的中间信息也不是很多。但是实践应用，学生信息将更为复杂。学生数、课程数更多，由此产生的无关信息可以用“海量”来形容。这些大量的无关信息在处理过程中也要占用相应的内存空间。如此大大提升了运算的时间、空间复杂度。不难分析，“式 2”是一个更加“无效率”的运算表达式。

“式 3”和“式 4”是比较高效的两个式子，用户可以分析一下，运算过程产生的中间信息量较少。尤其是“式 4”在每一个运算步骤中都做到了最精简。在此我们可以得出一个这样的规律，当关系运算较为复杂时，为提高运算效率，应首先进行选择运算，而后进行投影运算，最后再进行连接运算。

要做到运算是最精简的，表达式就比较繁琐。如“式 4”中每一步结束都有一个投影运算，不易理解。为表述清晰，在后续的例题中，我们不一味地追求最高效表达式，而是力求将多种关系运算符混合运算时的含义表达清楚。

（6）查询“鲍小仁”同学各门课程的成绩。

$$\sigma_{姓名='鲍小仁'}(\Pi_{学号,姓名}(学生))(成绩)$$

用户分析该表达式的运算结果，如果在运算结果中要得到课程名，还要对表达式作进一步修正。

$$\sigma_{姓名='鲍小仁'}(\Pi_{学号,姓名}(学生))(成绩)\Pi_{课程号,课程名}(课程)$$

（7）查询选修了所有课程的学生。

这题我们可以这样分析，在成绩表中都能找到某一个学号，其所对应的多个课程

号，刚好就是课程表中列出的所有课程，则该学号就这是我们要找的答案。如此可知，这是一个典型的除法运算题，我们可以写出表达式如下：

$$\Pi_{学号,课程号}(成绩)\div 课程$$

如果我们所求的不仅是学号，还要知道选修所有课程的学生姓名，那么在上式的基础上还要进行连接操作，具体的表达式由用户自行完成。

1.4 数据库系统的组成

数据库系统（Database Systems，DBS）是一个复杂的系统，它是采用了数据库技术的计算机系统。因此数据库系统的含义已经不仅仅是一组对数据进行管理的软件(通常称为数据库管理系统)，也不仅仅是一个数据库。一个数据库系统是一个实际可运行的，按照数据库方式存储、维护和向应用系统提供数据或信息支持的系统。它是存储介质、处理对象和管理系统的集合体，通常由数据库、软件、硬件、数据库管理员四部分组成。

1. 数据库

数据库是与一个特定组织的各项应用相关的全部数据的汇集。通常由两大部分组成：一部分是有关应用所需要的工作数据的集合，称作物理数据库，它是数据库的主体；另一部分是关于各级数据结构的描述，称作描述数据库，通常是由一个数据字典系统管理。

2. 数据库管理系统

数据库管理系统（Database Management System，DBMS）是处理数据库存取和各种管理控制的软件。它可以说是数据库系统的中心枢纽，与各个部分都有密切的联系，应用程序对数据库的操作全都通过 DBMS 进行。

3. 计算机基本系统

这一部分包括中央处理器、主存储器、外部存储设备、数据通道等各种存储、处理和传输数据的硬件设备。计算机系统一般是从市场上选购的，但对数据库系统来说，要特别关注内、外存储容量，I/O 存取速度，可支持终端数和性能稳定性等指标，在许多应用中还要考虑系统支持联网的能力和配备必要的后备存储设备等因素。

在数值计算中，计算机主机的运算速度决定着整个程序的运行速度。但在数据处理中，数据的存取速度主要是 I/O 所占的时间，因此 CPU 速度就不是数据库运算速度的决定因素。

4. 数据库管理员

管理、开发和使用数据库系统的人员主要有数据库管理员（DBA)、系统分析员、应用程序员和用户。数据库系统中不同人员涉及不同的数据抽象级别，具有不同的数据视图。

下面着重介绍 DBA 的工作。要想成功地运转数据库，就要在数据处理部门配备管理人员——DBA。DBA 必须熟悉企业全部数据的性质和用途，因此他是面向应用的，对用户的需求有充分的认识；他对系统性能也非常关注，因而要求他兼有系统程序员和运筹学专家的品质和知识。DBA 是控制数据整体结构的人，负责保护和控制数据，使数据能被任何有权使用的人有效使用。DBA可以是一个人，但一般是由几个人组成的一个小组，其主要职责如下：

(1) 决定数据库的信息内容和结构，确定某现实问题的实体联系模型，建立与DBMS有关的数据模型和概念模式。

(2) 决定存储结构和存取策略，建立内模式和模式/内模式映象。使数据的存储空间利用率和存取效率两方面都较优。

(3) 充当用户和DBS的联络员，建立外模式和外模式/模式映象。

(4) 定义数据的安全性要求和完整性约束条件，以保证数据库的安全性和完整性。安全性要求是用户对数据库的存取权限，完整性约束条件是对数据进行有效性检验的一系列规则和措施。

(5) 确定数据库的后援支持手段及制定系统出现故障时数据库的恢复策略。

(6) 监视并改善系统的“时空”性能，提高系统的效率。

(7) 当系统需要扩充和改造时，负责修改和调整外模式、模式和内模式。

总之，DBA承担创建、监控和维护整个数据库结构的责任。DBA负责维护数据库，但为了保证数据的安全性，数据库的内容对DBA应该是封锁的。例如，DBA知道职工记录类型中含有工资数据项，他可以根据应用的需要将该数据项类型由6位数字扩充到7位数字，但是他不能读取或修改任一职工的工资数据。

1.5　本章习题

一、思考题

1. 试述数据库发展的3个阶段及每个阶段的特点。
2. 数据库技术的特点是什么？
3. 试述数据、数据库、数据库系统、数据库管理系统的概念。
4. 试述实体、属性、联系、域、码的概念。
5. 分别举出实体之间具有一对一、一对多、多对多联系的例子。
6. 试述数据库系统的三级模式结构。它的优点是什么？
7. 数据独立性包括哪两个方面？含义分别是什么？
8. 数据库系统的组成有哪些？
9. 试述数据库管理系统的基本功能和组成。
10. 试述数据模型的概念、作用和组成部分。

二、应用题

1. 根据以下情况和假设构造满足需求的E-R图：可随时查询书库中现有书籍的品种、数量与存放位置，所有各类书籍均可由书号唯一标识；可随时查询书籍借还情况，包括借书人单位、姓名、借书证号、借书日期和还书日期（约定：任何人可借多种书，任何一种书可为多个人借，借书证号具有唯一性）；当需要时，可通过数据库中保存的出版社的电报编号、电话、邮编及地址等信息向有关书籍的出版社增购有关书籍（约定：一个出版社可出版多种书籍，同一本书仅为一个出版社出版，出版社名具有唯一性）。

2. 学校中有若干系，每个系有若干班级和教研室，每个教研室有若干教员，其中有的教授和副教授每人各带若干个研究生，每个班有若干学生，每个学生选修若干课程，每门课程可由若干学生选修，用 E-R 图画出此学校的概念模型。

第2章　创建职工信息数据库

从 SQL Server 2005 开始，已将几款 SQL Server 2000 的管理工具集成到了 SQL Server Management Studio 中，另外几款集成到 SQL Server 配置管理器中。本章主要介绍 SQL Server 2008 的安装和管理工具的基本使用，并且通过一个实际的项目，来说明如何创建数据库、创建表及相关对象。

本章项目名称：创建职工信息数据库

项目具体要求：在本机上完成 SQL Server 2008 的安装，然后在 SQL Server 2008 上创建职工信息数据库，并在数据库下创建表、索引、关系，最后能将创建完成的职工信息数据库在不同的计算机间进行移动。

2.1　安装 SQL Server 2008

安装 SQL Server 2008 实际需要的空间在 2GB 以上，可以运行在 Windows Vista Basic 及更高版本上，也可以运行在 Windows XP 中，同时需要.NET Framework 3.5 和 Windows Installer 3.1 的支持。下面我们来介绍安装 SQL Server 2008 的基本步骤。

任务 2.1　在你的电脑上安装 SQL Server 2008。

【步骤 1】双击安装文件夹中的 setup.exe 程序。

【步骤 2】当安装程序启动后，首先检测是否有.NET Framework 3.5 环境，如果没有会弹出安装此环境的对话框，此时可以根据提示安装.NET Framework 3.5，如图 2-1 所示。注意如果你的电脑上没有安装 Windows Installer 3.1 或以上版本，则需要先下载并安装完成 Windows Installer 3.1。

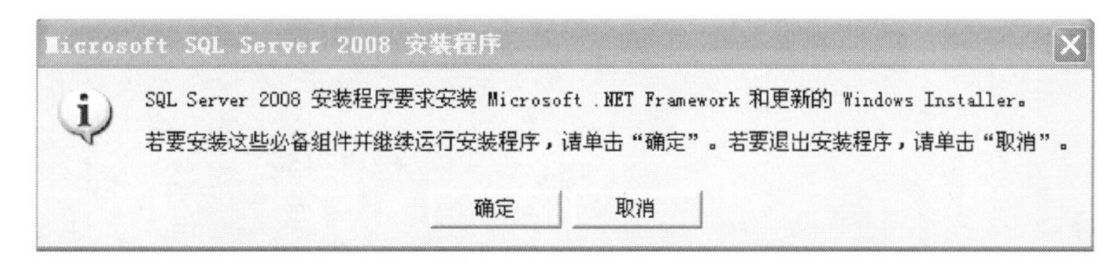

图 2-1　提示安装.NET Framework 3.5

【步骤 3】.NET Framework 3.5 环境安装完成后，在打开的“SQL Server 安装中心”窗口中单击“安装”选项，如图 2-2 所示。

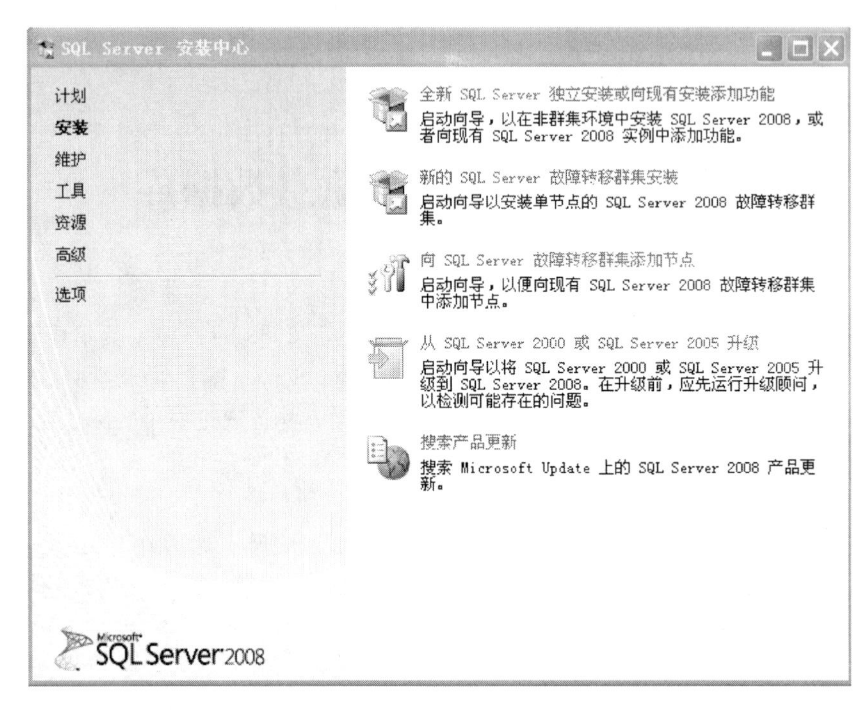

图 2-2 “SQL Server 安装中心”窗口

【步骤 4】在“安装”选项卡中，单击“全新 SQL Server 独立安装或向现有安装添加功能”启动安装程序。

【步骤 5】在显示的“安装程序支持规则”对话框中，如图 2-3 所示，单击“确定”按钮。

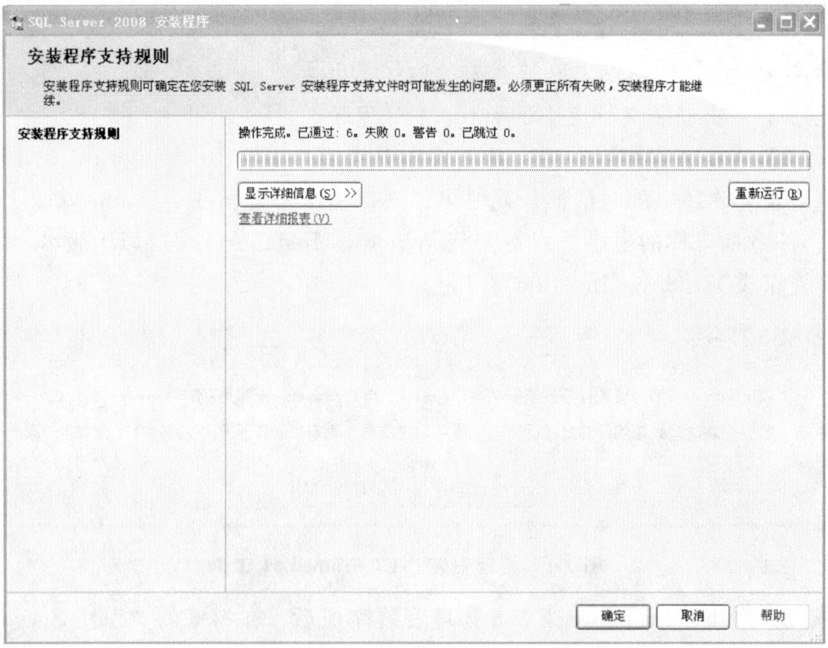

图 2-3 “安装程序支持规则”对话框

【步骤 6】在显示的“产品密钥”对话框中，如图 2-4 所示，输入正确的产品密钥，然后单击“下一步”，在显示的对话框中选中“我接受许可条款”复选框后单击“下一步”继续安装。

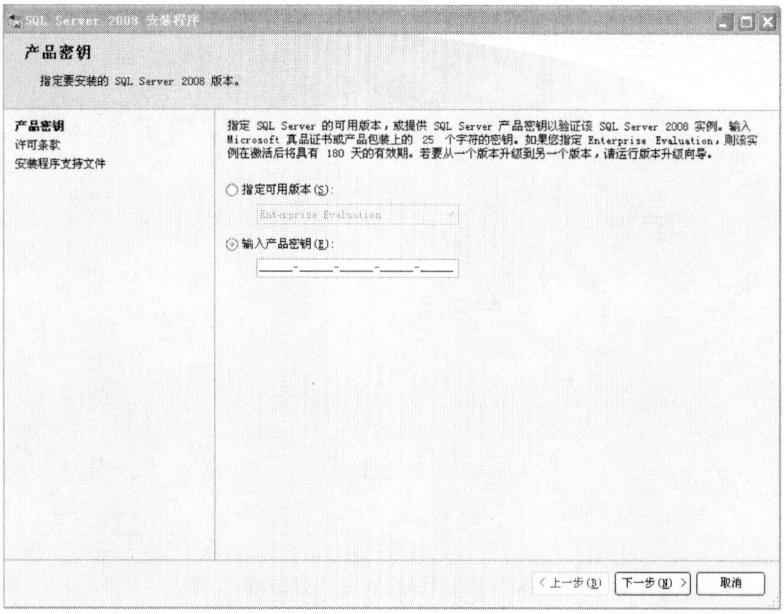

图 2-4 “产品密钥”对话框

【步骤 7】在显示的“安装程序支持文件”对话框中，如图 2-5 所示，单击“安装”按钮开始安装，安装完成后，重新进入“安装程序支持规则”对话框，在该对话框中单击“下一步”继续安装。

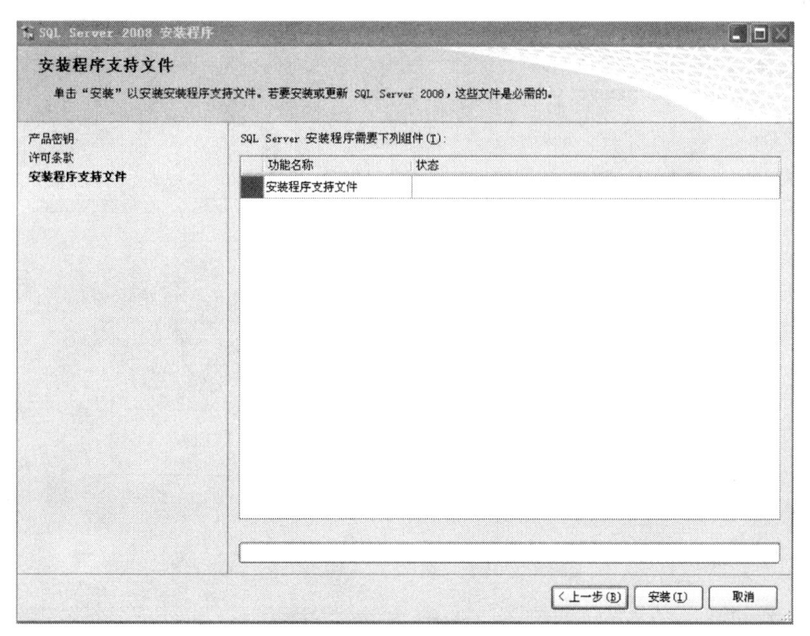

图 2-5 “安装程序支持文件”对话框

【步骤 8】在显示的“功能选择”对话框中，如图 2-6 所示，根据需要从“功能”选项组中选择相应的功能，在此可以全选。

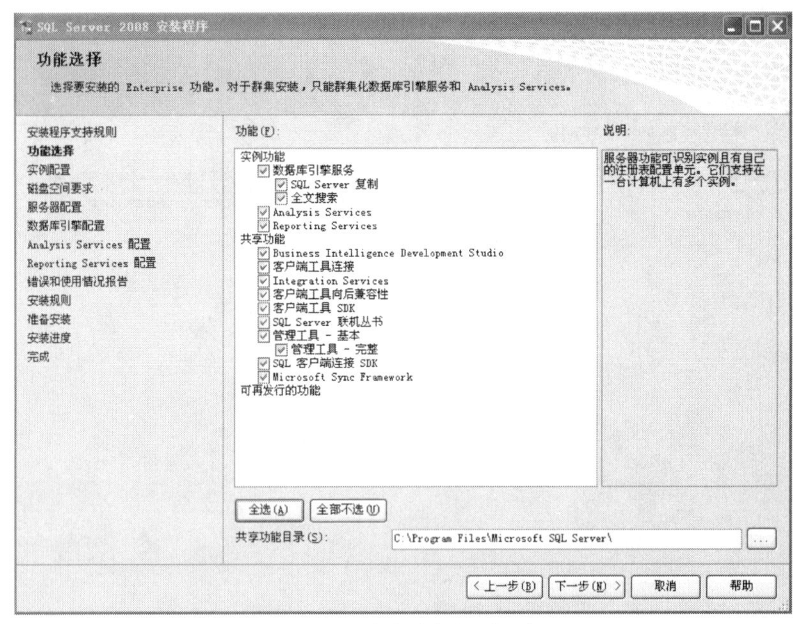

图 2-6　“功能选择”对话框

【步骤 9】单击“下一步”按钮指定“实例配置”，如图 2-7 所示。实例有两种类型，默认实例和命名实例，在一台服务器或计算机上只能安装一个默认实例，可以安装多个命名实例，不同的实例可以对外提供不同的数据库引擎服务，对于客户端的用户来说相当于访问不同的数据库服务器，在此我们安装默认实例。

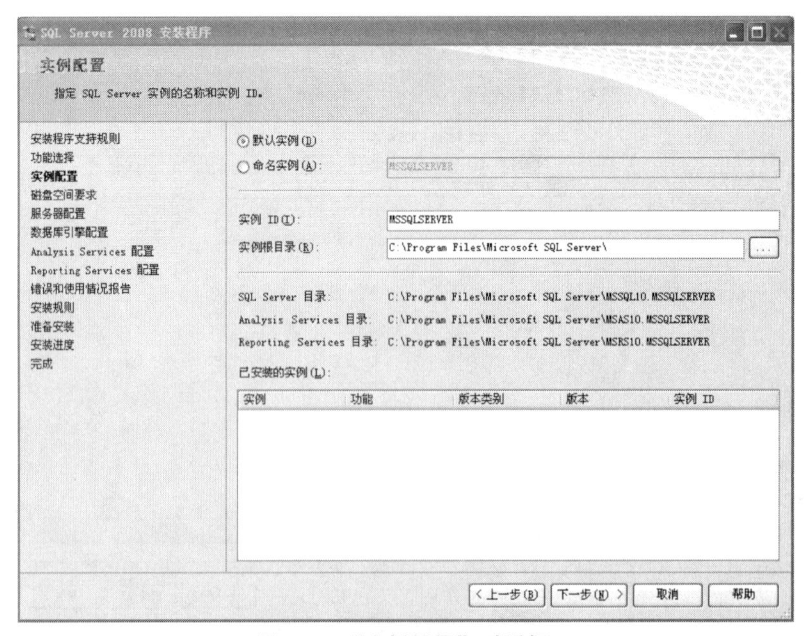

图 2-7　“实例配置”对话框

【步骤10】单击“下一步”按钮指定“服务器配置”，在“服务账户”选项卡中可以为每个SQL Server服务单独配置用户名、密码及启动类型。在此我们设置相同的账户，并且选择“当前用户”即可，如图2-8所示。

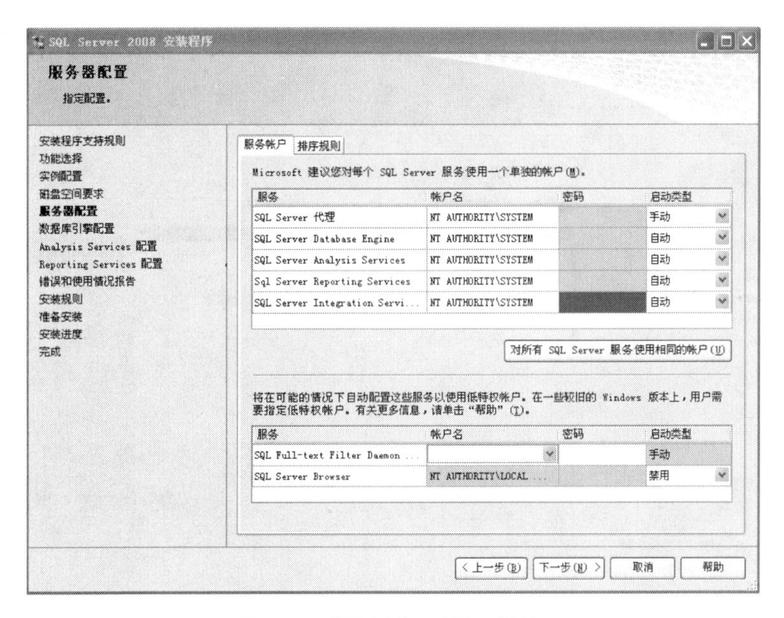

图2-8　“服务器配置”对话框

【步骤11】单击“下一步”按钮指定“数据库引擎配置”，在“账户设置”选项卡中指定身份验证模式、内置的SQL Server系统管理员账户和SQL Server管理员，在此我们设置身份验证模式为“混合模式”，密码为“123”，指定管理员为“当前用户”，如图2-9所示。

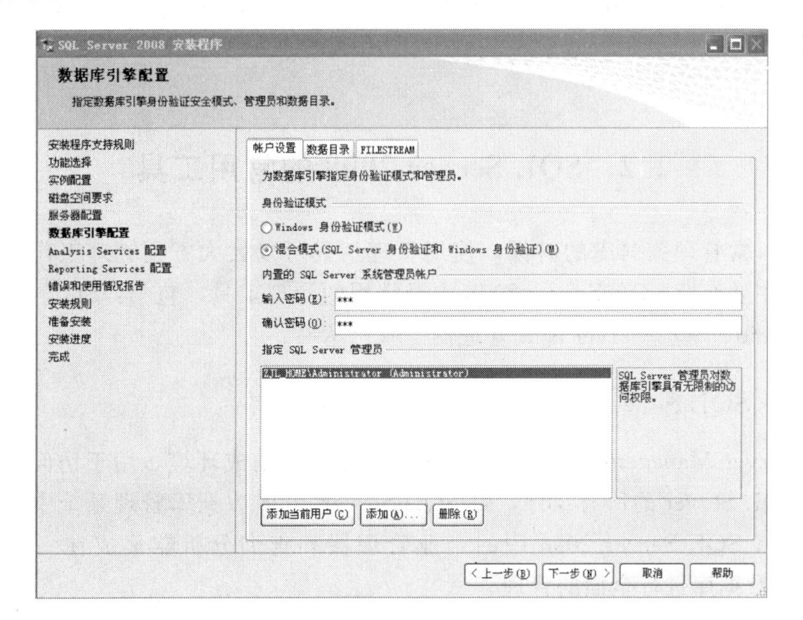

图2-9　“数据库引擎配置”对话框

【步骤 12】单击“下一步”按钮指定“Analysis Services 配置”，在“账户设置”选项卡中指定哪些用户具有对 Analysis Services 的管理权限，在此选择“当前用户”，如图 2-10 所示。

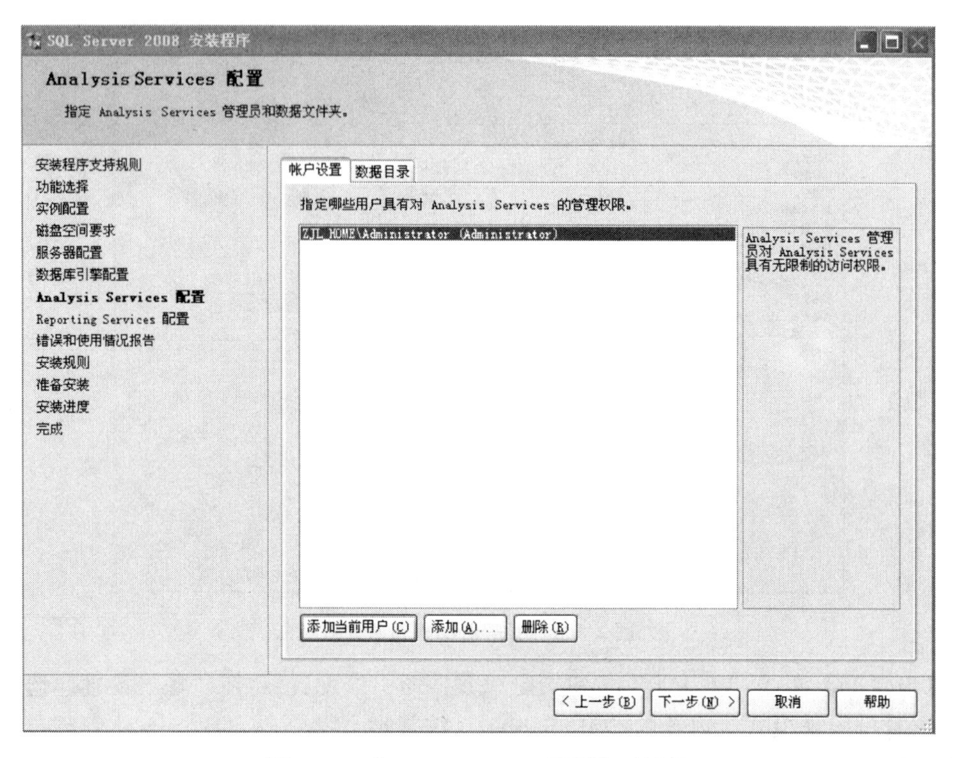

图 2-10　“Analysis Services 配置”对话框

【步骤 13】后面的步骤我们基本上采用默认的设置就可以了，全部单击“下一步”按钮完成安装。

2.2　SQL Server 2008 的常用工具

我们在日常管理数据库的时候，使用管理工具可以大大方便管理工作，提高工作效率。本节主要介绍 SQL Server 2008 中最常用的管理工具，包括：SQL Server Management Studio、SQL Server 配置管理器、联机丛书。

2.2.1　SQL Server Management Studio

SQL Server Management Studio（SSMS）是一个集成环境，用于访问、配置、管理和开发 SQL Server 的所有组件，是 SQL Server 2008 数据库管理系统中最重要的管理工具。它将 SQL Server 2000 中的企业管理器和查询分析器集成在一起，能够对 SQL Server 数据库进行全面的管理。

任务 2.2　启动并使用 SQL Server Management Studio（SSMS）管理工具。

【步骤1】在Windows的“开始”菜单中依次选择“程序”｜Microsoft SQL Server 2008｜SQL Server Management Studio，打开“连接到服务器”对话框，如图2-11所示。

图2-11　“连接到服务器”对话框

在图2-11所示的对话框中输入服务器的类型和名称，然后选择身份验证的方式。SQL Server提供的身份验证的方式包括Windows身份验证和SQL Server身份验证。关于这两种身份验证的具体介绍查看本书第7章的介绍，在此我们选择默认的Windows身份验证。

【步骤2】选择完成后，单击“连接”按钮，进入到SSMS窗口。窗口的左侧是对象资源管理器，它以树状结构来表现SQL Server数据库中的对象，如图2-12所示。

图2-12　SQL Server Management Studio窗口

【步骤3】展开“数据库”项，在factory数据库下面的depart表上右击选择“编辑前200行”，可以在SSMS右侧的窗口看到此表的详细数据，如图2-13所示。

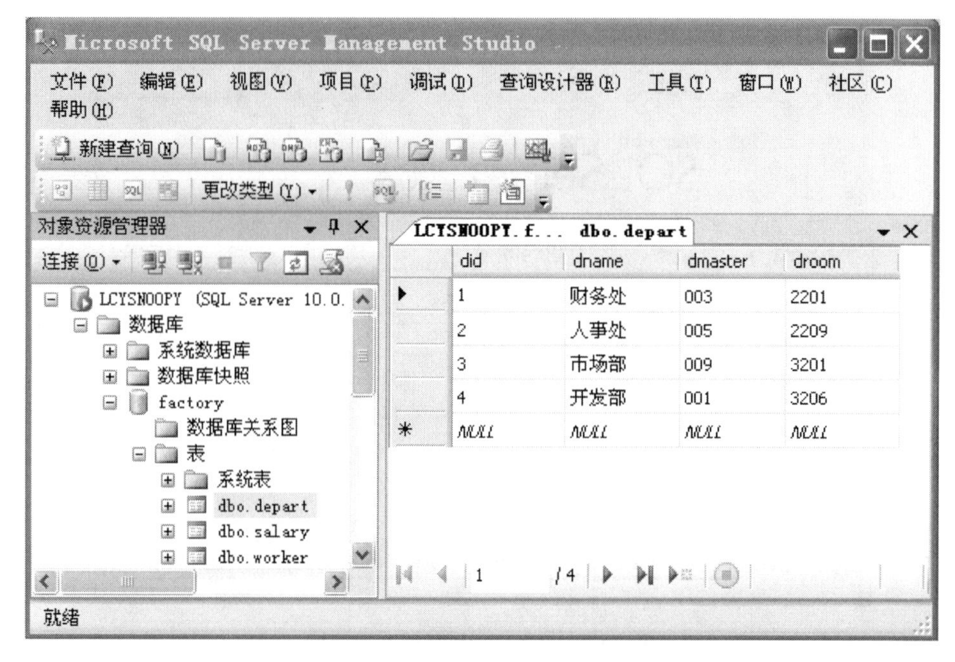

图2-13 打开depart表中的数据

【步骤4】单击工具栏的“新建查询”按钮，打开脚本编辑窗口。在脚本编辑窗口中输入SQL语句“select * from depart”，可以查询出depart表中的数据，如图2-14所示。

图2-14 利用SQL语句来查询表中的数据

【步骤5】在实例名 LCYSNOOPY 上右击可将 SQL Server 服务停止，查看变化，然后再将 SQL Server 的服务开启。

【步骤6】单击实例名上面的"断开连接"按钮断开当前连接的实例，然后再用"连接对象资源管理器"按钮连接到本机的默认实例。

这里要注意的是，假如你是在服务停止的状态下又断开了连接，此时你想再连接上此实例就无法操作了，具体解决办法就得通过其他途径先把 SQL Server 的服务开启，具体的开启方法在 2.2.2 节中介绍。

2.2.2 SQL Server 配置管理器

配置管理器是 SQL Server 2008 提供的数据库配置工具，用于管理与 SQL Server 相关的服务、配置 SQL Server 使用的网络协议以及 SQL Server 客户端计算机。下面我们通过一个实例来介绍配置管理器的使用。

任务 2.3 使用配置管理器来管理 SQL Server 2008 的服务和配置网络协议。

【步骤1】在 Windows 的"开始"菜单中依次选择"程序" | Microsoft SQL Server 2008 | "配置工具" | "SQL Server 配置管理器"，打开"SQL Server 配置管理器"窗口，如图 2-15 所示。

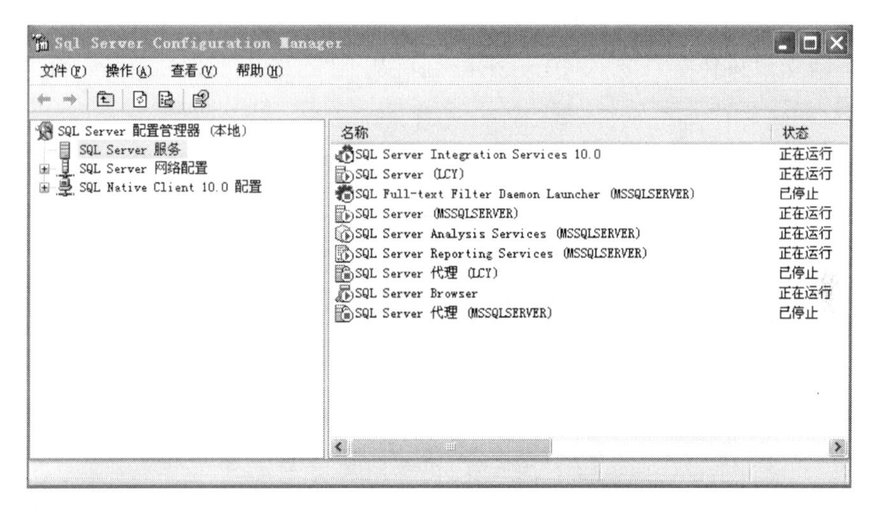

图 2-15 "SQL Server 配置管理器"窗口

【步骤2】在窗口的右侧默认打开的是 SQL Server 服务，将 SQL Server 的服务停止，进入到 SSMS 窗口查看可以发现此时服务被停止，数据库将不能访问。

【步骤3】在 SSMS 窗口中将连接断开，并再次连接，发现不能连接，这就是 2.2.1 节中所出现的那个问题。此时进入"SQL Server 配置管理器"中先将服务开启，再在 SSMS 窗口中进行实例的连接，就可以完成了。

【步骤4】客户端若要连接到远程的 SQL Server 服务器，需要配置相同的网络协议。设置 B 电脑服务端的网络协议为 Named Pipes，A 电脑客户端的网络协议为 TCP/IP，尝试在 A 电脑客户端连接到 B 电脑服务器的实例，发现不能连接。配置 B 电脑服务器端网络协议中的 TCP/IP 为启用，再重新连接，就成功了，如图 2-16 所示。

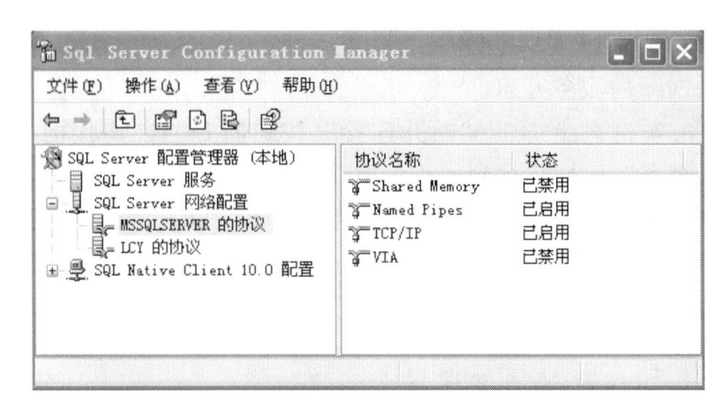

图 2-16 启用 B 电脑服务器的 TCP/IP 协议

2.2.3 联机丛书

当我们对 SQL Server 2008 进行操作或对数据库进行查询遇到困难时，怎么办？当然你可以通过 Baidu 或 Google 搜索引擎搜索，但更方便的方式是 SQL Server 2008 自带的一个帮助文档，即联机丛书。使用它是非常方便的，下面我们来看看如何使用。

任务 2.4 使用联机丛书来帮助我们使用 SQL Server 2008。

【步骤 1】在 Windows 的“开始”菜单中依次选择“程序”| Microsoft SQL Server 2008 |“文档和教程”|“SQL Server 联机丛书”，打开“SQL Server 2008 联机丛书”窗口，如图 2-17 所示。

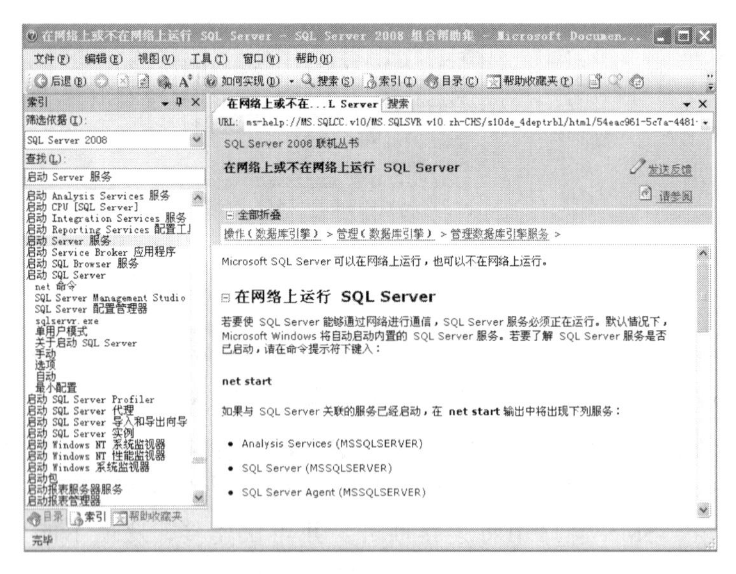

图 2-17 “SQL Server 2008 联机丛书”窗口

【步骤 2】单击工具栏的“索引”按钮，在左侧树状目录的“查找”文本框中输入“启动 Server 服务”，在窗口的右侧将会告诉你如何启动 SQL Server 服务。

【步骤 3】利用联机丛书，更多的时候我们可以来查询关于 SQL 语句的一些语法和实例。比如查找“select 语句”，将给出 select 语句的一般格式、使用说明和样例，指导你对数据进行查询。

2.3　创建职工信息数据库

2.3.1　创建数据库和表

1. 创建数据库

在建表之前首先要建立一个数据库，建立数据库主要由鼠标和 SQL 语句两种方式，下面以创建 factory 数据库为例进行介绍。

任务 2.5　利用鼠标操作方式创建 factory 数据库。

【步骤 1】在“数据库”上右击，在弹出的快捷菜单中选择“新建数据库”，如图 2-18 所示。

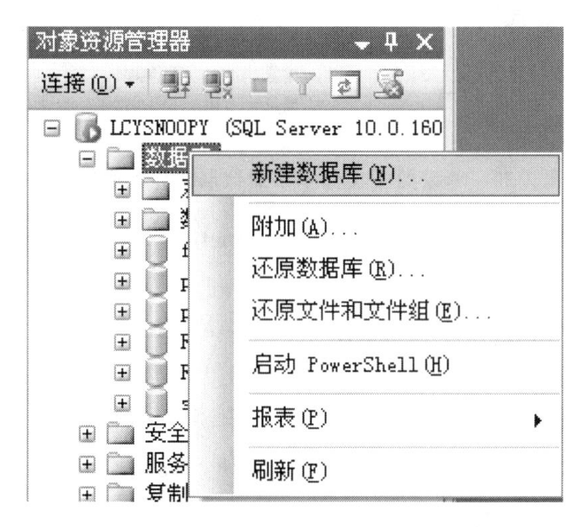

图 2-18　利用鼠标操作方式创建数据库

【步骤 2】在出现的对话框中，输入新建数据库的名称，并且设置数据库所对应的数据文件和日志文件的名称及物理路径。默认的物理路径在 SQL Server 2008 的安装路径下，如图 2-19 所示。

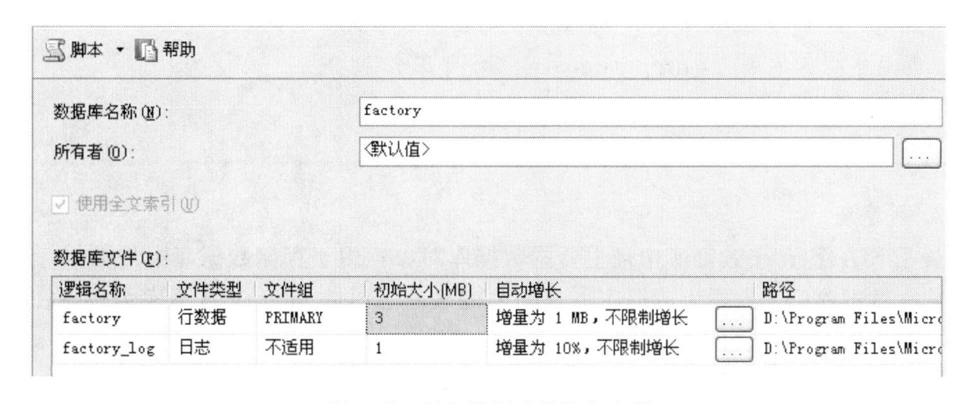

图 2-19　设置数据库的数据文件

【步骤3】在D盘根目录下新建一个文件夹，名为factory_db，将此处的主数据文件factory和日志文件factory_log的物理路径设为“D：\ factory_db”。

【步骤4】将factory主数据文件的初始大小修改为5MB，增量为2MB，将日志文件的初始大小修改为2MB。

【步骤5】新增一个数据文件factory_data2，对应的物理路径为“D：\ factory_db”，其他属性默认。

【步骤6】单击“确定”按钮，factory数据库创建完成，如图2-20所示。

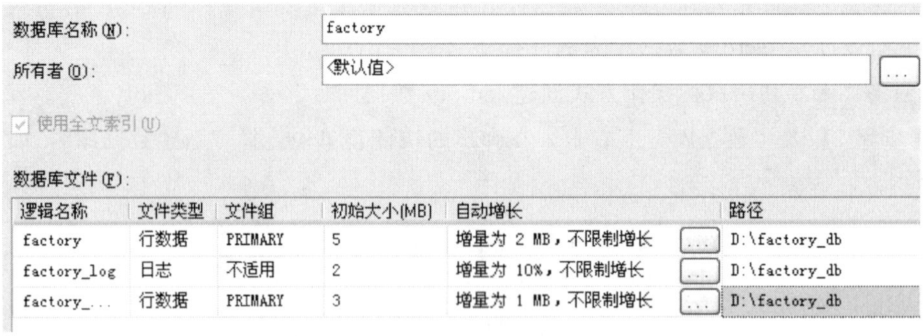

数据库名称(N)： factory

所有者(O)： <默认值>

☑ 使用全文索引(U)

数据库文件(F)：

逻辑名称	文件类型	文件组	初始大小(MB)	自动增长	路径
factory	行数据	PRIMARY	5	增量为 2 MB，不限制增长	D:\factory_db
factory_log	日志	不适用	2	增量为 10%，不限制增长	D:\factory_db
factory_...	行数据	PRIMARY	3	增量为 1 MB，不限制增长	D:\factory_db

图2-20 修改数据文件和添加数据文件以后的界面

任务2.6 利用SQL语句方式创建数据库factory2。

【步骤1】在SQL Server 2008中新建一个查询。

【步骤2】在查询界面中输入创建语句“create database factory2”，这条创建语句是创建默认参数的最简单的数据库。若需要创建复杂的数据文件，我们可以参考联机丛书的说明和样例，来创建一个如任务2.4同样效果的数据库。

【步骤3】选中语句，单击“! 执行(X)”按钮，提示“命令已成功完成”，刷新数据库可以看到factory2数据库已成功创建。

知识点

创建数据库的一般语句格式如下：

创建数据库的语句：create database ＜数据库名＞

删除数据库的语句：drop database ＜数据库名＞

打开数据库的语句：use ＜数据库名＞

2. 创建表

表是SQL Server数据库中最主要的数据库对象，用于存储数据库中的数据，所以在创建完数据库后，需要为数据库创建相关的表。下面以factory数据库为例，在factory数据库下有三个表，分别为worker（职工信息表）、depart（部门信息表）、salary（工资信息表），具体表的结构如图2-21至图2-23所示。

列名	数据类型	允许 Null 值
wid	char(3)	☐
wname	varchar(10)	☐
wsex	char(2)	☑
wbirthdate	date	☑
wparty	char(2)	☑
wjobdate	date	☑
depid	char(1)	☑

图 2-21　worker（职工信息表）表结构

LCY. factory － dbo. depart

列名	数据类型	允许 Null 值
did	char(1)	☐
dname	varchar(20)	☑
dmaster	char(3)	☑
droom	char(10)	☑

图 2-22　depart（部门信息表）表结构

列名	数据类型	允许 Null 值
wid	char(3)	☐
sdate	date	☐
totalsalary	decimal(10, 1)	☑
actualsalary	decimal(10, 1)	☑

图 2-23　salary（工资信息表）表结构

任务 2.7　利用鼠标操作方式创建 factory 数据库下的表。

【步骤 1】展开刚刚新建的 factory 数据库，在“表”上右击，在弹出的快捷菜单中选择“新建表”，如图 2-24 所示。

图 2-24　新建表的鼠标操作

【步骤 2】参照图 2-21 设计 worker 表的表结构，并且保存该表的表结构。

【步骤 3】参照 worker 表的设计方式设计其他两个表。

任务 2.8　利用 SQL 语句方式创建 factory2 数据库下的表。

【步骤 1】在 SQL Server Management Studio 中新建一个查询。

【步骤 2】将当前的数据库选择为 factory2，在查询窗口中输入如下的语句：

```
create table worker
(wid char(3) primary key,
 wname varchar(10) not null,
 wsex char(2) check(wsex in('男','女')),
 wbirthdate date,
 wparty char(2) check(wparty in('是','否')),
 wjobdate date,
 depid char(1) )
```

【步骤 3】选中语句，执行查询，提示命令已成功完成。

【步骤 4】刷新 factory2 下的表，即可发现多了一个用户表 worker，在该表上右击，在弹出的快捷菜单中选择“设计”，即可看到表结构，将表结构跟图 2-21 中的 worker 表结构进行核对，看是否正确。

【步骤 5】以同样的方式设计其他两个表。

知 识 点

设计表的一般语句格式：

create table ＜表名＞(＜列名 1＞＜数据类型＞[列级完整性约束条件]
[，＜列名 2＞＜数据类型＞
[列级完整性约束条件]…]
[，＜表级完整性约束条件
＞])

功能：为当前数据库建立一个新的基本表，指明基本表的表名与结构，包括组成该表的每一个字段名、数据类型等。其中系统提供的数据类型如下：

(1) 字符类型：char(n)，varchar(n)，text，image

(2) 整型类型：int (4 字节)，smallint (2 字节)，tinyint (1 字节)

(3) 浮点类型：float (8 字节)，real (4 字节)

(4) 货币类型：money (8 字节)，smallmoney (4 字节)

(5) 日期时间类型：datetime (8 字节)，smalldatetime (4 字节)

3. 往表中输入数据

将数据库下的表结构设计好后，接下来就要往表中输入数据了，注意在输入数据时要按顺序逐条记录进行输入，而不能像在 Excel 中按列输入，因为表中的每一行数据是一个完整的实体，如果按列输入，则经常会出错。

【步骤 1】按照图 2-25 所示，为 worker 表输入数据，具体方法是在“worker”表上右击，选择“编辑前 200 行”，在窗口的右侧就可以进行数据的输入了。

wid	wname	wsex	wbirthdate	wparty	wjobdate	depid
001	孙华	男	1952-01-03	是	1970-10-10	1
002	孙天奇	女	1965-03-10	是	1987-07-10	2
003	陈明	男	1945-05-08	否	1965-01-01	2
004	李华	女	1956-08-07	否	1983-07-20	3
005	余慧	女	1980-12-04	否	2007-10-02	3
006	欧阳少兵	男	1971-12-09	是	1992-07-20	3
007	程西	女	1980-06-10	否	2007-10-02	1
008	张旗	男	1980-11-10	否	2007-10-02	2
009	刘夫文	男	1942-01-11	否	1960-08-10	2

图 2-25　worker 表中的数据

【步骤 2】按照图 2-26 所示，为 depart 表输入数据。

did	dname	dmaster	droom
1	财务处	003	2201
2	人事处	005	2209
3	市场部	009	3201
4	开发部	001	3206

图 2-26　depart 表中的数据

【步骤 3】按照图 2-27 所示，为 salary 表输入数据。

wid	sdate	totalsalary	actualsalary
001	2011-01-04	4200.0	3500.0
001	2011-02-03	4000.0	3200.0
002	2011-01-04	2200.0	2000.0
002	2011-02-03	1900.0	1700.0
003	2011-01-04	3800.0	3400.0
003	2011-02-03	3700.0	3200.0
004	2011-01-04	2500.0	2100.0
004	2011-02-03	2500.0	2100.0
005	2011-01-04	4500.0	3800.0
005	2011-02-03	4600.0	3900.0
006	2011-01-04	2500.0	2100.0
006	2011-02-03	2500.0	2100.0
007	2011-01-04	1800.0	1500.0
007	2011-02-03	1800.0	1600.0
008	2011-01-04	2800.0	2400.0
008	2011-02-03	3000.0	2600.0
009	2011-01-04	4500.0	3800.0
009	2011-02-03	5000.0	4200.0

图 2-27　salary 表中的数据

4. 关系模型常用的术语

关系模型在逻辑上用表格形式来表示实体的特点及实体之间的联系。在关系模型中，把现实世界的数据组织成一些二维的表格，这些表格称为关系。对表格中数据的操作抽象称为对关系的操作。

例如在学校的学籍管理中，可以构造一个学生关系，反映学生的基本情况，如表2-1所示。

表 2-1 学生信息表

学号	姓名	性别	年龄	专业	生源地
010205	鲍小仁	男	20	信息管理	平安市
010219	屠　敏	女	22	网络通信	开源县
010214	潘明杰	男	22	信息管理	南平市
010301	范海霞	女	20	电子技术	开源县
010324	葛小燕	女	21	电子技术	南平市

关系模型中常用的术语有以下几种。

(1) 关系。一个关系对应一张二维表，二维表的表名即为关系名。例如，表2-1即为“学生信息表”关系。

(2) 关系模式。对关系表结构的描述。一般表示为“关系名（字段名1，字段名2，…，字段名 n）”。例如，学生信息表（学号，姓名，性别，年龄，专业，生源地）。

(3) 记录。二维表中的一行称为关系的一条记录，或称为元组、行。例如，在表2-1中“(010214，潘明杰，男，22，信息管理，南平市)”是“学生信息表关系”的一条记录，在该关系中总共有5条记录。

(4) 字段。二维表中的列称为关系的字段，或称为属性、列，每一个字段有一个字段名。例如，表2-1中的“学号”、“姓名”、“性别”等都是字段名。

在一个关系中，某个字段的取值范围称为该字段的值域。如“性别”字段的值域为{男，女}。值得说明的是，值域是一个语义的范畴，因字段含义的不同而定，并不仅仅是目前关系该字段中所有取值的集合。比如说，表2-1中“年龄”字段的值域可理解为“小于100自然数集”，而不是{20，21，22}。

(5) 主码。关系中的某个字段或字段组，能唯一地标识一条记录，又称为主键。主码在关系记录中起到决定性的作用，知道了主码，就确定了个体，就确定了其他字段的值。

例如，表2-1中的“学号”就是主码。给定学号，就唯一地确定了一个学生。

值得注意的是，在有些情况下，主码并不单指一个字段，它可能是由多个字段共同构成的，也就是说记录的特性是由多个字段联合决定的。例如，有关系模式

成绩（学号，课程号，得分）

不难分析出主码为（学号，课程号）。为了便于表示，将关系模型的主码用“#”作为标识。记为：

成绩（学号#，课程号#，得分）

2.3.2　创建关系

在一个数据库下有多个表，可以通过建立主键和外键的连接来创建表之间的关系，表关系可以防止数据冗余，可以控制一些数据的错误。表关系图有三种：一对一、一对多和多对多。

任务 2.9　为 factory 数据库下的表创建关系。

【步骤 1】展开 factory 数据库，在“数据库关系图”上右击，在弹出快捷菜单中选择“新建数据库关系图”，再在弹出的提示“是否创建关系图”的对话框中单击“是”。

【步骤 2】进入创建关系的界面，将数据库下的三个表添加进去，如图 2-28 所示。

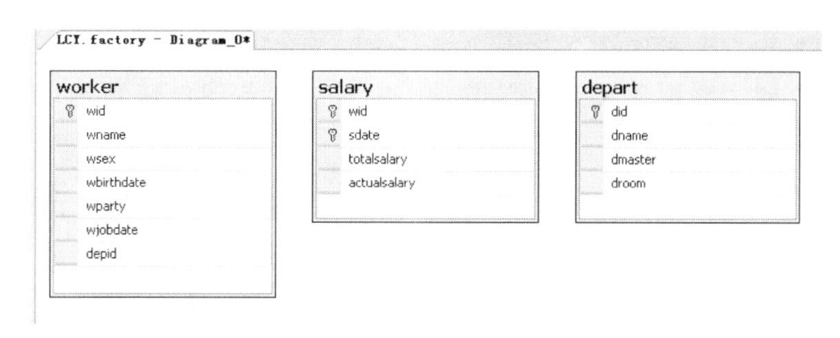

图 2-28　将 factory 数据库下的三个表添加到创建关系的界面中

【步骤 3】为表 worker 和 salary 创建关系，这两个表是通过 wid（职工号）来进行连接的，所以拖动 worker 表的 wid 字段，到 salary 表的 wid 处放开，出现如图 2-29 所示的对话框，再查看一下主键和外键是否正确，单击“确定”按钮。

表和列
关系名(N):
FK_salary_worker
主键表(P):　worker
外键表:　salary
wid　wid
确定　取消

图 2-29　为 worker 表和 salary 表创建关系

【步骤 4】以同样的方式为 worker 表的 depid 和 depart 表的 did 创建关系，创建成功后如图 2-30 所示。

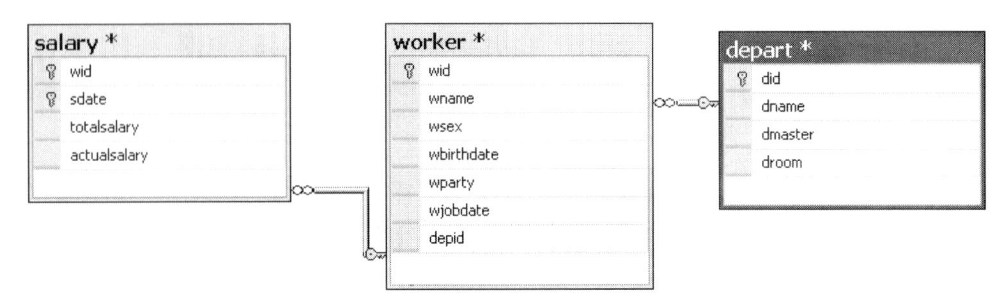

图 2-30　为 factory 数据库下的三个表创建关系

【步骤 5】保存关系图，命名为“diagram_1”。保存成功后，关闭当前的编辑窗口，展开右侧“数据库关系图”节点，发现该关系图已成功创建，如图 2-31 所示。

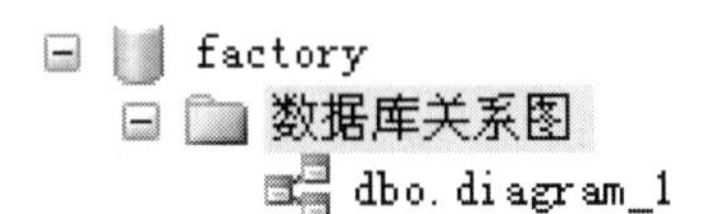

图 2-31　成功创建并保存关系图

2.3.3　创建索引

建立索引是加快表的查询速度的有效手段。我们需要在一本书中查找某些信息时，往往首先通过目录找到所需信息的对应页码，然后再从该页码中找出所要的信息，这种做法比直接翻阅书的内容速度要快。如果把数据库表比作一本书，那么表的索引就是这本书的目录，可见通过索引可以大大加快表的查询速度。

SQL Server 2008 提供了两种基本类型的索引：聚集索引和非聚集索引，除此之外，还有唯一索引、包含索引、索引视图、全文索引、XML 索引等。聚集索引是根据索引键的值对其进行排序，所以每个表只能有一个聚集索引。非聚集索引不根据索引键进行排序。由于非聚集索引的表没有规定顺序，因此查找速度会比聚集索引慢。在此主要介绍聚集索引、非聚集索引和唯一索引的创建方法。

1. 索引的建立

索引的创建有两种方法：一是利用鼠标方式创建索引，二是利用 SQL 语句方式创建索引。

任务 2.10　利用鼠标方式为 worker 表创建索引。

【步骤 1】打开 worker 表下面的索引项，如图 2-32 所示，可以发现在 worker 表下已经存在一个索引。双击此索引，我们可以发现，这是一个聚集索引，索引关键字是 wid（职工号），如图 2-33 所示，这个索引是在创建主码时自动生成的。

图 2-32　worker 表下的索引

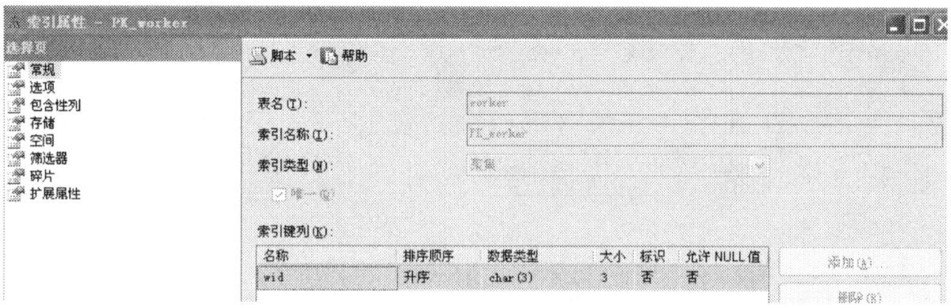

图 2-33　索引的属性

【步骤 2】在“索引”上右击，在弹出的快捷菜单中选择“新建索引”，再在弹出的对话框中设置索引名称为“index_wname”，索引类型为“非聚集索引”。然后单击“添加”按钮，设置索引关键字段为 wname。

【步骤 3】参照步骤 2 的创建索引方式，为 depart 的 dname（部名门）创建一个唯一、非聚集索引。打开 depart 表，添加一行数据：“5”，“开发部”，“008”，“3207”，如图 2-34 所示。当数据输入到表时，会提示出错，错误信息如图 2-35 所示。

	did	dname	dmaster	droom
	1	财务处	003	2201
	2	人事处	005	2209
	3	市场部	009	3201
	4	开发部	001	3206
	5	开发部	008	3207

图 2-34　为 depart 表添加一行数据

出错的原因就是为 depart 表的 dname 字段创建了唯一索引，所以 dname 的值是唯一的，不能重复。

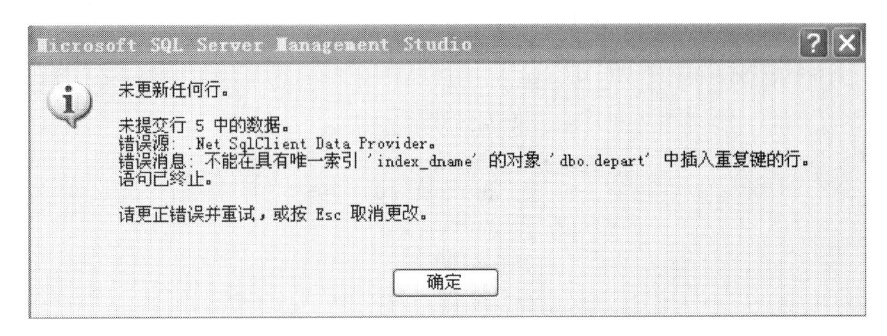

图 2-35　为 depart 表添加一行数据的出错提示

【步骤 4】右击 salary 表，在设计表结构的窗口下单击"管理索引和键"按钮，然后将主键的索引更改为非聚集。

任务 2.11　利用 SQL 语句为 worker 表创建索引。

【步骤 1】为 worker 表的 depid 字段创建一个非聚集索引。

```
create index index_depid on worker(depid);
```

【步骤 2】为 depart 表的 dname（部门名）创建一个聚集索引。注意此语句要完成必须把该表原来的聚集索引修改为非聚集索引，不然会提示一个表不能有两个聚集索引。

```
create clustered index index_dname on depart(dname);
```

打开表的数据，我们会发现数据的顺序发生了变化，此时按照部门名进行重新排序。

【步骤 3】删除 index_dname 索引。

```
drop index index_dname;
```

知 识 点

创建索引的一般语句格式：

create [unique] [clustered] index＜索引名＞

on＜表名＞（＜列名 1＞ [＜次序＞] [，＜列名 2＞ [＜次序＞]] …）;

功能：为指定表的某个字段创建一个索引，在此 unique 表示唯一索引，clustered 表示聚集索引，非聚集索引可以不指定 clustered 或采用 nonclustered，其中次序是指索引值的排列顺序，可以是升序（ASC）或降序（DESC），默认为升序。

删除索引的一般语句格式：

drop index＜索引名＞;

2.4 分离和附加职工信息数据库

当数据库需要从一台计算机移到另一台计算机，或者需要从一个物理磁盘移到另一个物理磁盘时，常要进行数据库的分离和附加操作。分离数据库就是将数据库从SQL Server实例中卸载，但依然保持该数据库的组成文件与组成对象的完好无损。通过分离得到的数据库，可以重新附加到SQL Server实例上。在对数据库进行分离之前，要确保没有任何用户登录到该数据库上。

任务2.12 将当前的factory数据库的物理文件从C盘根目录移动到D盘根目录。

【步骤1】在"factory"数据库上右击，从弹出的快捷菜单中选择"任务"|"分离"命令，如图2-36所示。

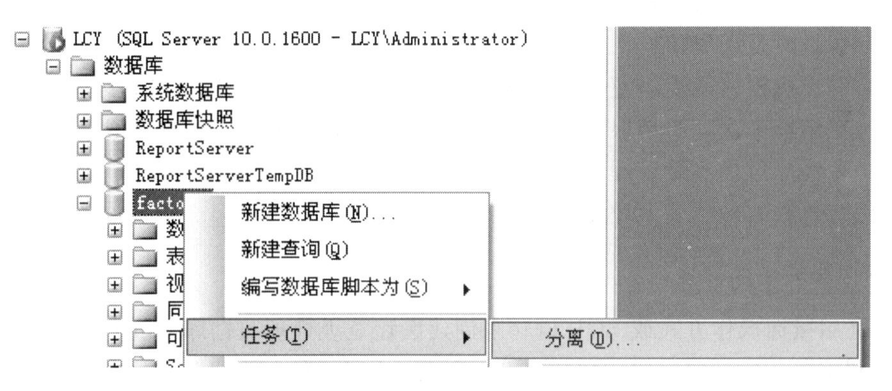

图2-36 执行"分离"命令

【步骤2】在弹出的对话框中选择"确定"执行分离，执行成功，发现SQL Server 2008当前实例下的factory数据库不见了。

【步骤3】将C盘下对应的物理文件移动到D盘下。

【步骤4】在"数据库"上右击，在弹出的快捷菜单中选择"附加"，如图2-37所示，再在弹出的对话框中将D盘下对应的"factory_data.mdf"主数据文件添加进来，然后单击"确定"。发现数据库被成功附加，这次对应的物理文件已经是D盘下的文件了。

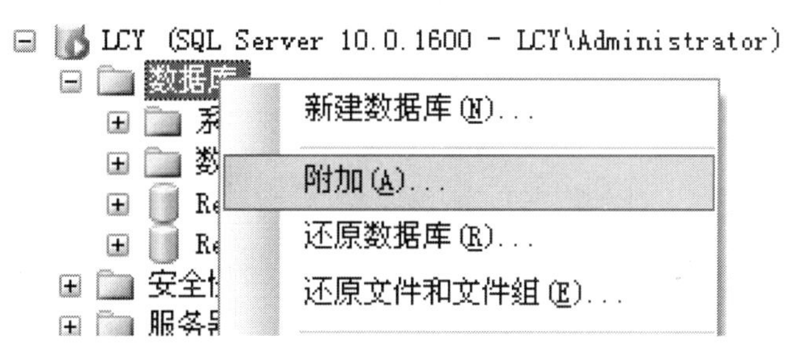

图2-37 执行"附加"命令

2.5 本章实训：创建医疗垃圾处理数据库

本次实训环境

医疗垃圾处理软件是宁波某软件公司给医疗垃圾处理公司开发的医疗垃圾处理管理系统，该系统是用来管理医疗垃圾处理公司处理医疗机构垃圾，并根据垃圾处理的量向医疗机构收取费用的管理软件。为了保证医疗垃圾处理软件的顺利运行，需要创建一个医疗垃圾处理数据库（medical)，在该数据库下总共有 5 个数据表。

医疗机构基本信息表是用来存储医疗机构的基本信息，以方便联系的。合同录入表是垃圾处理公司与医疗机构签订的处理合同，包括处理的周期、每箱的金额等，在处理医疗垃圾时是用周转箱来装货的，所以垃圾的处理单位是周转箱。新增床位表可以体现出医疗机构的规模，便于预算需要处理的垃圾数量。在处理医疗垃圾时费用不是处理一次结算一次，而是根据合同定期结算，所以结算的付款情况记录在合同付款情况表中。医疗垃圾实时管理表中记录了每次处理垃圾的数量，从这个表中可以获得为每个医疗机构处理了多少垃圾，需要付款多少。

本次实训操作要求

1. 利用鼠标操作方式或 SQL 语句来创建医疗垃圾处理数据库（medical)。

2. 利用鼠标操作的方式创建如表 2-2 和表 2-3 所示的医疗机构基本信息表和合同录入表。

表 2-2　医疗机构基本信息表（me_info)

字段名	字段类型	字段描述
me_no（#）	char(4)	医疗机构代码
name	varchar(20)	医疗机构名称
phone	char(13)	电话号码
address	varchar(50)	地址
contact	varchar(20)	联系人
grade	char(6)	医院等级
bank	varchar(20)	开户银行
account	varchar(20)	银行账号

表 2-3　合同录入表（contracts）

字段名	字段类型	字段描述
billno(＃)	char(4)	合同编号
signdate	date	签订日期
enddate	date	到期日期
me_no	char(4)	客户代码
amount	money	每箱金额

3. 利用编写 SQL 语句的方式创建如表 2-4 至表 2-6 所示的新增床位表、合同付款情况表、垃圾处理实时管理表。

表 2-4　新增床位表（addbeds）

字段名	字段类型	字段描述
me_no(＃)	char(4)	医疗机构代码
adddate(＃)	date	日期
addnumber	int	新增编制床位数
note	varchar(50)	备注

表 2-5　合同付款情况表（payment）

字段名	字段类型	字段描述
billno(＃)	char(4)	合同编号
paydate(＃)	date	付款日期
amount	money	付款金额

表 2-6　垃圾处理实时管理表（handle）

字段名	字段类型	字段描述
billno(＃)	char(4)	合同编号
handledate(＃)	date	处理日期
number	int	周转箱数

4. 根据表 2-7 至表 2-11 所示，为 5 个数据表输入相应的数据。

表 2-7　医疗机构基本信息表（me_info）数据

me_no(#)	name	phone	address	contact	grade	bank	account
1001	宁波医院	88881111	宁波市区	周东	三级	中国银行	45635162
1002	北仑医院	88881112	北仑区	王一清	二级	中国银行	45635163
1003	象山医院	88881113	象山县	李一建	二级	中国银行	45635164
1004	奉化医院	88881114	奉化市	周小航	二级	中国银行	45635165
1005	溪口医院	88881115	溪口镇	王斌	一级	中国银行	45635166
1006	东柳社区医院	88881116	东柳街道	林帅	一级	工商银行	95588139
1007	开发区医院	88881117	开发区	蒋东	一级	工商银行	95588140
1008	中医院	88881118	宁波市区	毛建光	三级	工商银行	95588141

表 2-8　合同录入表（contracts）数据

billno(#)	signdate	enddate	me_no	amount
9001	2010-01-05	2012-01-05	1001	200
9002	2012-06-01	2014-06-01	1002	240
9003	2011-05-12	2013-05-12	1007	220
9004	2011-06-12	2013-06-12	1008	220

表 2-9　新增床位表（addbeds）数据

me_no(#)	adddate(#)	addnumber	note
1001	2010-02-23	500	初始床位
1002	2011-12-01	300	初始床位
1007	2011-04-02	270	初始床位
1008	2011-05-09	340	初始床位
1001	2011-06-03	100	新增床位
1002	2012-05-06	80	新增床位

表 2-10　合同付款情况表（payment）数据

billno(#)	paydate(#)	amount
9001	2010-07-25	15000
9002	2012-09-24	7000
9003	2012-06-05	8000
9004	2011-09-04	5000
9002	2012-12-25	3000
9004	2012-04-02	2000

表 2-11　垃圾处理实时管理表（handle）数据

billno(#)	handledate(#)	number
9001	2010-02-05	21
9002	2012-07-01	15
9003	2011-07-12	13
9004	2011-08-12	20
9001	2010-05-07	18
9002	2012-10-09	9
9003	2011-12-03	8
9002	2012-12-21	12

5. 查看当前这 5 个表所存在的索引。

6. 利用鼠标操作的方式为医疗机构基本信息表（me_info）中的医疗机构名称创建一个唯一索引。

7. 利用 SQL 语句的方式为合同录入表（contracts）中的客户代码创建一个唯一索引。

8. 分析这 5 个表的关系，并且在 SQL Server 2008 中为这 5 个表创建一个关系图。

9. 分离当前的数据库，然后从默认安装路径中将数据库所对应的数据文件复制到 D 盘根目标下，再附加此数据库。

2.6　本章习题

一、思考题

1. SQL Server 2008 的数据库可以分为哪两类？

2. SQL Server 的物理文件可以分为哪几类？

3. 列举 SQL Server 2008 字段的数据类型。

4. 创建数据库和创建表的 SQL 语句是什么？

5. 什么是主键？主键的作用是什么？

6. 修改表结构的方法是怎样的？在 SQL Server 2008 中默认设置是无法修改表结构的，如何设置后才可以修改？

7. 索引的作用是什么？如何利用鼠标方式来查看索引？如何利用 SQL 语句来创建索引？

8. 可以直接复制当前在运行的数据库的物理文件吗？为什么？该如何解决这个问题？

二、应用题

1. 有一个学生选课管理系统，需要能记录学生的相关信息，课程的相关信息，选课的相关信息（包括成绩）。请分析表的结构和类型，并创建此表。

2. 请为学生选课数据库创建相应的索引，创建合适的关系。

第3章　查询职工信息数据库

数据库中最常见的操作是数据查询，在SQL Server 2008数据库管理系统中，通过使用select语句，我们可以从数据库中按照用户的需求来查询数据，并将查询的结果以表格的形式显示出来。在本章中，将遵循从简单到难的顺序，依次完成基本查询、附加子句查询、多表连接查询、操作结果集查询和子查询。本章的查询是基于第2章创建完成的职工信息数据库的查询。该数据库具体的表结构和数据请参照第2章或附录A。

本章项目名称：查询职工信息数据库

项目具体要求：根据任务的需求完成对职工信息数据库的查询，包括基本查询、附加子句查询、多表连接查询、操作结果集查询和子查询。

3.1　基本查询

在SQL Server 2008中，通过使用select语句来完成数据查询，select语句可以按照用户的需求从数据库表中查询特定信息。在本节我们先来学习针对数据库下单个表的基本查询，主要包括：最简单的查询、条件查询和带有聚集函数的查询。

3.1.1　最简单的查询

最简单的查询只涉及数据库下单个表的查询，并且在查询过程中不加任何条件，只选择一个表中的部分列或全部列。

任务3.1　查询depart（部门）表中的所有数据，查询结果如图3-1所示。

	did	dname	dmaster	droom
1	1	财务处	003	2201
2	2	人事处	005	2209
3	3	市场部	009	3201
4	4	开发部	001	3206

图3-1　任务3.1查询结果

查询的语句如下：

```
select *
from depart
```

其中，select后指出的是被选择的目标列，在此，“*”号表示选择该表的全部数据列，from后面指出的是要查询的表的名称。

任务3.2 查询depart（部门）表中的did（部门号）和dname（部门名），查询结果如图3-2所示。

	did	dname
1	1	财务处
2	2	人事处
3	3	市场部
4	4	开发部

图3-2 任务3.2查询结果

查询的语句如下：

```
select did,dname
from depart
```

任务3.3 查询depart（部门）表中的dname（部门名）和dmaster（部门经理），要求显示的字段名为部门名和部门经理，查询结果如图3-3所示。

	部门名	部门经理
1	财务处	003
2	人事处	005
3	市场部	009
4	开发部	001

图3-3 任务3.3查询结果

查询的语句如下：

```
select dname as 部门名,dmaster as 部门经理
from depart
```

在此，“dname as 部门名”表示为dname字段在显示时重新命名为部门名。

知识点

最简单的查询语句的一般语句格式：

select <目标列1[as 列名1]>[,<目标列2[as 列名2]>…]

from <表名>

功能：从from后面指定的表中查询特定字段的信息，如果选取所有的字段，则用“*”代替目标列，当目标列不止一个时，用“,”隔开，注意标点符号一定要采用英文半角状态下的标点符号。在此，目标列可以采用“as”符号来重命名最终要显示的列名名称。

3.1.2 条件查询

在select语句中可以根据实际需要从一个指定的表中查询出所有记录的全部或部分列。但如果只想选择该表中的部分记录的全部或部分列，则还需要指定where子句，

这就是下面要介绍的条件查询。

任务 3.4 查询 salary（工资）表中实际工资（actualsalary）大于 3000 的职工号和实际工资，查询结果如图 3-4 所示。

	wid	actualsalary
1	001	3500.0
2	001	3200.0
3	003	3400.0
4	003	3200.0
5	005	3800.0
6	005	3900.0
7	009	3800.0
8	009	4200.0

图 3-4 任务 3.4 查询结果

查询语句如下：

```
select wid,actualsalary
from salary
where actualsalary> = 3000
```

任务 3.5 查询 salary（工资）表中实际工资（actualsalary）在 2000 和 3000 之间的职工号和实际工资，查询结果如图 3-5 所示。

	wid	actualsalary
1	002	2000.0
2	004	2100.0
3	004	2100.0
4	006	2100.0
5	006	2100.0
6	008	2400.0
7	008	2600.0

图 3-5 任务 3.5 查询结果

查询语句如下：

```
select wid,actualsalary
from salary
where actualsalary between 2000 and 3000
```

谓词 between and（或 not between and）可以用来查找属性值在（或不在）指定范围内的记录，其中 between 后的值是范围的下限，and 后的值是范围的上限，该查询的结果包含边界值。

任务 3.6 查询 worker（职工）表中在部门“1”或“2”工作的职工的职工号、姓名、部门号，查询结果如图 3-6 所示。

	wid	wname	depid
1	001	孙华	1
2	002	孙天奇	2
3	003	陈明	2
4	007	程西	1
5	008	张旗	2
6	009	刘夫文	2

图 3-6　任务 3.6 查询结果

查询语句如下：

```
select wid,wname,depid
from worker
where depid in('1','2')
```

谓词 in 可以用来查找属性值属于指定集合的记录。

任务 3.7　查询 worker（职工）表中所有姓“孙”职工的职工号、姓名和性别；查询 worker（职工）表中所有姓名第二个字不是“华”的职工号、姓名和性别，查询结果如图 3-7 所示。

	wid	wname	wsex
1	001	孙华	男
2	002	孙天奇	女

	wid	wname	wsex
1	002	孙天奇	女
2	003	陈明	男
3	005	余慧	女
4	006	欧阳少兵	男
5	007	程西	女
6	008	张旗	男
7	009	刘夫文	男

图 3-7　任务 3.7 查询结果

查询语句如下：

```
select wid,wname,wsex
from worker
where wname like '孙%'

select wid,wname,wsex
from worker
where wname not like '_华%'
```

谓词 like 可以用来进行字符串的匹配。其一般语法格式为：

```
[not] like '<匹配串>'
```

它的作用是查找指定的属性列值与<匹配串>相匹配的记录。<匹配串>可以是一个完整的字符串，也可以含有通配符“%”和“_”。其中：“%”匹配 0 个或多个字符的字符串，“_”匹配任意一个字符。

任务 3.8 查询 depart（部门）表中部门经理为空的部门信息，查询结果如图3-8所示。

did	dname	dmaster	droom

图 3-8 任务 3.8 查询结果

查询语句如下：

```
select *
from depart
where dmaster is null
```

谓词 is null 和 is not null 可以用来查询某个字段的值为空或不为空。

任务 3.9 查询 worker（职工）表中男职工是党员的职工号和姓名，查询结果如图 3-9 所示。

	wid	wname
1	001	孙华
2	006	欧阳少兵

图 3-9 任务 3.9 查询结果

查询语句如下：

```
select wid,wname
from worker
where wsex='男' and wparty='是'
```

如果 where 后面的条件不止一个，则可以用逻辑运算符 and 或 or 来连接多个查询条件。当 and 和 or 都用在 where 后面时，and 的优先级高于 or，但用户可以用括号来改变优先级。

知识点

1. 带条件的查询语句的一般语句格式：

select <目标列 1 [as 列名 1]> [，<目标列 2 [as 列名 2]>…]

from <表名>

[where <条件表达式>]

功能：从 from 后面指定的表中查询符合 where 后面条件表达式的特定字段的信息。

知 识 点

2. 查询条件中可使用的谓词：

查询条件	谓　　词
比较	＝，＞，＜，＞＝，＜＝，！＝，＜＞，！＞，！＜
确定范围	between and，not between and
确定集合	in，not in
字符匹配	like，not like
空值	is null，is not null
多重条件	and，or

3.1.3　聚集函数

聚集函数是对表中的数据的某个字段进行计算并返回单个值的函数。聚集函数经常与 select 语句中的 group by 子句一同使用，但聚集函数不能用在 select 语句的 where 子句中。所有聚集函数中，除了 count 函数外，其他的聚集函数在计算时都忽略空值。下面通过具体的任务来介绍 SQL Server 中聚集函数的使用方法。

任务 3.10　查询 salary（工资）表中日期为“2011-01-04”的总工资（totalsalary）的平均工资，查询结果如图 3-10 所示。

	平均工资
1	3200.000000

图 3-10　任务 3.10 查询结果

查询语句如下：

```
select avg(totalsalary) as 平均工资
from salary
where sdate='2011-01-04'
```

avg（表达式）函数的作用是返回表达式中的平均值，空值将被忽略。当查询的结果是计算而得的值时，显示时字段名会默认显示“无列名”，所以遇到此类查询最好用 as 将字段进行重命名。

任务 3.11　查询职工的总数；查询在 salary（工资）表中发过工资的职工人数，一个职工只计数一次，查询结果如图 3-11 所示。

	职工人数
1	9

	发过工资职工人数
1	9

图 3-11　任务 3.11 查询结果

查询语句如下：

```
select count(* ) as 职工人数
from worker
select count(distinct wid) as 发过工资职工人数
from salary
```

count（表达式）返回组中项目的数量，其中的 distinct 指定 count 返回唯一、非空值的项数，对于重复的记录只计数一次。在此经常用“*”指定计算所有行以返回表中行的总数，在计数的时候不消除重复的行，并且包括空值的行。

任务 3.12 查询 salary（工资）表中最低的实际工资，查询结果如图 3-12 所示。

	最低工资
1	1500.0

图 3-12　任务 3.12 查询结果

查询语句如下：

```
select min(actualsalary) as 最低工资
from salary
min(表达式)返回表达式中的最小值。
```

任务 3.13 查询 salary（工资）表中最高的实际工资，查询结果如图 3-13 所示。

	最高工资
1	4200.0

图 3-13　任务 3.13 查询结果

查询语句如下：

```
select max(actualsalary) as 最高工资
from salary
max(表达式)返回表达式中的最大值。
```

任务 3.14 查询 salary（工资）表中“2011-01-04”工资的总额，查询结果如图 3-14 所示。

	2011-01-04工资总额
1	24600.0

图 3-14　任务 3.14 查询结果

查询语句如下：

```
select sum(actualsalary) as '2011-01-04 工资总额'
from salary
where sdate= '2011-01-04'
sum(表达式)返回表达式中所有值的和,只能用于数字列,空值将被忽略。
```

知识点

聚集函数小结：
avg（[distinct]<表达式>）表示求平均值，distinct 表示相同的只计算一次；
count（[distinct]<表达式>）表示计数，distinct 表示相同的只计数一次；
max（<表达式>）表示求最大值；
min（<表达式>）表示求最小值；
sum（[distinct]<表达式>）表示求和，distinct 表示相同的只计算一次。

3.1.4　top 和 distinct 关键字

1. top 关键字

在查询信息时，有时候仅仅需要查询结果的前 n 项信息，这个时候我们可以在 select 后面指定 top n 来实现，具体如任务 3.15 所示。

任务 3.15　查询 worker（职工）表中前两项职工的信息，查询结果如图 3-15 所示。

	wid	wname	wsex	wbirthdate	wparty	wjobdate	depid
1	001	孙华	男	1952-01-03	是	1970-10-10	1
2	002	孙天奇	女	1965-03-10	是	1987-07-10	2

图 3-15　任务 3.15 查询结果

查询语句如下：

```
select top 2 *
from worker
```

使用 top 关键字返回的结果是表从上往下的 n 行信息。

2. distinct 关键字

在 select 查询中，使用 disctinct 关键字可以消除重复行。我们在介绍聚集函数的时候已经用到过 distinct 关键字，其实与直接用在 select 后面用途基本一致。

任务 3.16　查询 worker（职工）表中女职工所出现的部门号；同样的查询，但相同的只出现一次，查询结果如图 3-16 所示。

	depid
1	2
2	3
3	3
4	1

	depid
1	1
2	2
3	3

图 3-16　任务 3.16 查询结果

查询语句如下：

```
select depid
from worker
where wsex='女'

select distinct depid
from worker
where wsex='女'
```

对于同样的查询，下一个查询中加了 distinct 关键字，从图 3-16 可以非常清楚地看出 distinct 关键字的作用，相同的只显示了一个。

3.2 附加子句

在利用 select 语句进行查询时，我们可以利用附加子句对查询的结果进行排序或在查询时对数据进行分组处理。一旦为查询结果进行了排序或分组处理后，可以方便用户查询数据，本节主要介绍如何对查询结果进行排序和分组处理。

3.2.1 order by 子句

使用 order by 子句可以对查询的结果进行排序处理，排序有升序（asc）和降序（desc）两种方式，默认情况下是采用升序（asc）排序。排序时排序关键字段可以是一个，也可以是多个，如果有多个，则先按照第一个排序关键字段进行排序，当第一个排序关键字段相同时再按照第二个排序关键字段进行排序，以此类推。

任务 3.17 查询职工的职工号、职工姓名、出生日期、部门号，查询结果按照出生日期从早到晚排序，查询结果如图 3-17 所示。

	wid	wname	wbirthdate	depid
1	009	刘夫文	1942-01-11	2
2	003	陈明	1945-05-08	2
3	001	孙华	1952-01-03	1
4	004	李华	1956-08-07	3
5	002	孙天奇	1965-03-10	2
6	006	欧阳少兵	1971-12-09	3
7	007	程西	1980-06-10	1
8	008	张旗	1980-11-10	2
9	005	余慧	1980-12-04	3

图 3-17　任务 3.17 查询结果

查询语句如下：

```
select wid,wname,wbirthdate,depid
from worker
order by wbirthdate
```

任务 3.18　查询职工的职工号、职工姓名、出生日期、部门号，查询结果按照部门号从大到小排序，同一部门的按照出生日期从早到晚排序，查询结果如图 3-18 所示。

	wid	wname	wbirthdate	depid
1	004	李华	1956-08-07	3
2	006	欧阳少兵	1971-12-09	3
3	005	余慧	1980-12-04	3
4	009	刘夫文	1942-01-11	2
5	003	陈明	1945-05-08	2
6	002	孙天奇	1965-03-10	2
7	008	张旗	1980-11-10	2
8	001	孙华	1952-01-03	1
9	007	程西	1980-06-10	1

图 3-18　任务 3.18 查询结果

查询语句如下：

```
select wid,wname,wbirthdate,depid
from worker
order by depid desc,wbirthdate asc
```

在任务 3.18 中，使用了多个排序关键字段，SQL Server 会先按第一个字段 depid（部门号）进行排序，对于第一个字段部门号相同的再按照出生日期进行排序。

3.2.2　group by 子句

group by 子句完成分组统计查询，也就是将表中的数据按照一定条件分类组合，再根据需要得到统计信息，作用类似于 Excel 中的分类汇总，如图 3-19 所示。

图 3-19　分组统计示意图

任务 3.19 分别统计男职工和女职工的人数，查询结果如图 3-20 所示。

	性别	人数
1	男	5
2	女	4

图 3-20 任务 3.19 分组统计后的查询结果

查询语句如下：

```
select wsex as 性别,count(* )as 人数
from worker
group by wsex
```

任务 3.19 的查询是针对 worker（职工）表的，如图 3-21 所示，第一步，按照 group by 后面的字段 wsex（性别）进行分组，因为性别只有“男”和“女”两种值，所以分组后就分成了“男”和“女”二组。第二步，对各组内的记录进行分别统计，“男”这一组总共有 5 名职工，“女”这一组总共有 4 名职工，所以此查询最终的结果如图 3-20 所示。

	wid	wname	wsex	wbirthdate	wparty	wjobdate	depid
1	001	孙华	男	1952-01-03	是	1970-10-10	1
2	002	孙天奇	女	1965-03-10	是	1987-07-10	2
3	003	陈明	男	1945-05-08	否	1965-01-01	2
4	004	李华	女	1956-08-07	否	1983-07-20	3
5	005	余慧	女	1980-12-04	否	2007-10-02	3
6	006	欧阳少兵	男	1971-12-09	是	1992-07-20	3
7	007	程西	女	1980-06-10	否	2007-10-02	1
8	008	张旗	男	1980-11-10	否	2007-10-02	2
9	009	刘夫文	男	1942-01-11	否	1960-08-10	2

图 3-21 分组统计前的 worker（职工）表数据

任务 3.20 分别统计每个日期的应发工资（totalsalary）总和，查询结果如图 3-22 所示。

	发工资日期	工资总和
1	2011-01-04	28800.0
2	2011-02-03	29000.0

图 3-22 任务 3.20 分组统计后的查询结果

查询语句如下：

```
select sdate as 发工资日期,sum(totalsalary)as 工资总和
from salary
group by sdate
```

3.2.3 having 子句

在进行分组时，可用 having 子句进一步设置统计条件，having 子句一般只用在 group by 子句的后面。having 子句查询与 where 子句查询类似，不同的是 where 子句限定于行的查询，而 having 子句则限定于统计组的查询，也就是对分组后的数据设置

查询条件。

任务 3.21 分别统计每位员工的应发工资（totalsalary）总和，并且只显示工资总和在 5000 元以上的信息，查询结果如图 3-23 所示。

	职工号	工资总和
1	001	8200.0
2	003	7500.0
3	004	5000.0
4	005	9100.0
5	006	5000.0
6	008	5800.0
7	009	9500.0

图 3-23 任务 3.21 设置分组条件后的查询结果

查询语句如下：

```
select wid as 职工号,sum(totalsalary) as 工资总和
from salary
group by wid having sum(totalsalary)> = 5000
```

在任务 3.21 中，对于分组后的信息，用 having 设置了一个条件只显示工资总和在 5000 元以上的职工工资信息，首先我们要明确，在职工工资表（salary）中，只有每位职工每次发工资的信息，如图 3-24 所示，所以要得到每位职工的工资总和，首先要按照职工号进行分组，在组内统计出每位职工的工资总和，所以 having 条件的设置是在分组完成后进行的，如果没有分组就无法统计得出此数据，这就是 having 和 where 的区别，同时我们也发现在 having 后面可以用聚集函数，而在 where 后面是不能用聚集函数的。对图 3-24 中的数据按照职工号（wid）进行分组后，应该会有 9 条记录，而图 3-23 最终显示的只有 7 行，这是因为其中的两行由于不满足工资总和在 5000 元以上，而最终未被显示出来。

	wid	sdate	totalsalary	actualsalary
1	001	2011-01-04	4200.0	3500.0
2	002	2011-01-04	2200.0	2000.0
3	003	2011-01-04	3800.0	3400.0
4	004	2011-01-04	2500.0	2100.0
5	005	2011-01-04	4500.0	3800.0
6	006	2011-01-04	2500.0	2100.0
7	007	2011-01-04	1800.0	1500.0
8	008	2011-01-04	2800.0	2400.0
9	009	2011-01-04	4500.0	3800.0
10	009	2011-02-03	5000.0	4200.0
11	008	2011-02-03	3000.0	2600.0
12	007	2011-02-03	1800.0	1600.0
13	006	2011-02-03	2500.0	2100.0
14	005	2011-02-03	4600.0	3900.0
15	004	2011-02-03	2500.0	2100.0
16	003	2011-02-03	3700.0	3200.0
17	002	2011-02-03	1900.0	1700.0
18	001	2011-02-03	4000.0	3200.0

图 3-24 salary（职工工资）表中的数据

3.2.4 into 子句

into 子句的作用是将查询的结果存到一个新建的表中，该表可以是永久表，也可以是临时表，新建表的结构和 select 语句所查询的表结构相同。在进行查询处理中，经常利用 into 子句来建立临时表，临时表存于 SQL Server 的 tempdb 临时数据库中，当 SQL Server 重新启动后临时表随即丢失。

任务 3.22 查询男职工的基本信息，并且存入临时表 # worker1 中。

查询语句如下：

```
select *
into #worker1
from worker
where wsex='男'
```

在此 #worker1 表示临时表，在 SQL Server 中临时表在命名时以“#”开头。运行此语句后，SQL Server 提示“5 行受影响”，那么到底存放在 #worker1 临时表中的数据是什么呢？我们可以用一条“select * from #worker1”语句来查询，查询的结果如图 3-25 所示。

	wid	wname	wsex	wbirthdate	wparty	wjobdate	depid
1	001	孙华	男	1952-01-03	是	1970-10-10	1
2	003	陈明	男	1945-05-08	否	1965-01-01	2
3	006	欧阳少兵	男	1971-12-09	是	1992-07-20	3
4	008	张旗	男	1980-11-10	否	2007-10-02	2
5	009	刘夫文	男	1942-01-11	否	1960-08-10	2

图 3-25 # worker1 临时表中的数据

知识点

带附加子句的查询语句的一般语句格式：

select [distinct] top n <目标列 1 [as 列名 1]> [，<目标列 2 [as 列名 2]>…]
into 新表
from <表名>
[where <条件表达式>]
[group by 分组字段 [having<条件>]]
[order by 排序关键字段 [asc/desc] …]

功能：从 from 后面指定的表中查询符合 where 后面条件表达式的特定字段的信息。其中 group by 子句的作用是将查询结果按照指定字段的值进行分组，该字段值相等的记录为一个组，每个组产生结果表中的一条记录。如果 group by 后带 having 子句，则只有满足指定条件的组才予以输出。order by 子句的作用是结果按指

知识点

定字段的值升序或降序排序，默认为升序。若指定了 distinct，则对于最终输出相同的行只显示一行。若指定了 top n，则最终的结果只显示前 n 行。若采用了 into 子句，则最终的查询结果保存到新表中。

在查询时特别要注意如果这些子句都用到了，一定要按照在此列出的先后顺序查询，不然就会出错了。

3.3 多表连接查询

前面所介绍的查询都是针对一个表的，但在实际的查询中，往往所需要的信息来自于多张表，比如需要查询职工信息数据库中的职工号、职工姓名、部门号、部门名称，所涉及的表就有 worker 和 depart 两张。因此，若一个查询同时涉及两张以上的表，则称之为多表连接查询。连接是关系数据库模型的主要特点，主要包括内部连接、外部连接和交叉连接查询等。

3.3.1 内部连接

内部连接是使用比较运算符来连接要查询的多张表。在具体的内部连接查询时，我们可以在 from 子句或 where 子句中指定内部连接的条件。在 where 子句中指定内部连接的条件称为旧式内部连接，现在用得越来越少；在 from 子句中指定内部连接条件有助于将这些连接条件与 where 子句中可能指定的其他条件分开，建议用这种方法来指定连接。在此，两种方法我们都会介绍给大家。

任务 3.23 用两种不同的指定方式查询职工的职工号、姓名、部门名，并按职工号排序，查询结果如图 3-26 所示。

	wid	wname	dname
1	001	孙华	财务处
2	002	孙天奇	人事处
3	003	陈明	人事处
4	004	李华	市场部
5	005	余慧	市场部
6	006	欧阳少兵	市场部
7	007	程西	财务处
8	008	张旗	人事处
9	009	刘夫文	人事处

图 3-26 任务 3.23 多表连接查询的查询结果

方法一：在 from 子句中指定内部连接的条件

查询语句如下：

```
select wid,wname,dname
from worker inner join depart on worker.depid= depart.did
order by wid
```

在此需要查询的职工号、姓名字段出现在职工信息表（worker）中，部门名出现在部门信息表（depart）中，所以是多表的连接查询。此方法是在 from 子句中指定内部连接的条件，具体的方法是将涉及的两张表在 from 后面用 inner join 关键字连接起来，并且在随后的 on 关键字后面将两个表等值连接的字段加上。连接的字段名称可以不同，但是字段的数据类型必须是一样的。

方法二：在 where 子句中指定内部连接的条件

查询语句如下：

```
select wid,wname,dname
from worker,depart
where worker.depid= depart.did
order by wid
```

在方法二中，我们将涉及的两个表直接加在 from 的后面，而两个表连接的条件则放在 where 子句的后面，因为在 where 子句的后面还会有其他的查询条件，所以看起来比较乱，建议在多表连接查询时采用方法一。

任务 3.24 用两种不同的指定方式查询所有职工的职工号、姓名、部门名和 2011 年 2 月份工资，最后一列要求显示“2011 年 2 月工资”，并且按部门名排列，查询结果如图 3-27 所示。

	职工号	职工姓名	部门名	2011年2月工资
1	007	程西	财务处	1600.0
2	001	孙华	财务处	3200.0
3	009	刘夫文	人事处	4200.0
4	008	张旗	人事处	2600.0
5	003	陈明	人事处	3200.0
6	002	孙天奇	人事处	1700.0
7	006	欧阳少兵	市场部	2100.0
8	005	余慧	市场部	3900.0
9	004	李华	市场部	2100.0

图 3-27　任务 3.24 三个表连接查询的查询结果

方法一：在 from 子句中指定内部连接的条件

查询语句如下：

```
select worker.wid as 职工号,wname as 职工姓名,dname as 部门名,actualsalary
as '2011 年 2 月工资'
from worker inner join depart on worker.depid= depart.did inner join
salary on worker.wid= salary.wid
where year(sdate)= 2011 and month(sdate)= 2
order by dname
```

任务 3.24 中查询的字段涉及了三个表，所以需要进行三个表之间的连接，分析连接的条件是 worker.depid＝depart.did 和 worker.wid＝salary.wid。利用在 from 子句中指定内部连接的条件，我们用两个 inner join 关键字将三个表连接起来。

字段 wid（职工号）在 worker 表和 salary 表中都有，所以在查询时必须指定是哪个表的 wid 字段，若不指定，在运行此查询语句时就会出错，会提示“列名‘wid’不明确。”这个错误信息。

在这里还用到了两个 SQL Server 的系统函数 year()和 month()，分别表示取 sdate 日期这个字段的年份和月份。

方法二：在 where 子句中指定内部连接的条件

查询语句如下：

```
select worker.wid as 职工号,wname as 职工姓名,dname 部门名,actualsalary as
'2011 年月工资'
from worker,depart,salary
where worker.wid= salary.wid and worker.depid= depart.did and year
(sdate)= 2011 and month(sdate)= 2
order by dname
```

利用方法二进行三个表之间的连接查询时，将表的名称直接放在 from 后面，而将两个等值连接的条件放在 where 子句中，两个条件之间用 and 关键字连接，在这里我们也看到了，由于 where 后面本身就有两个条件，所以再加上两个等值连接的条件，看起来比较乱。

在上面两个任务中，我们分别介绍了两种方法，在后面的多表连接查询中，我们只介绍在 from 子句中指定内部连接条件的方法了。

任务 3.25　求出各部门党员的人数，要求显示部门名和党员人数，查询结果如图 3-28 所示。

	部门名	党员人数
1	财务处	1
2	人事处	1
3	市场部	1

图 3-28　任务 3.25 在连接查询中进行分组统计的查询结果

查询语句如下：

```
select dname as 部门名,count(* ) as 党员人数
from worker inner join depart on worker.depid= depart.did
where wparty= '是'
group by dname
```

这是一个多表连接查询加上分组统计子句的查询，分组的字段和最后查询显示的字段在不同的表里，所以要将两个表连接起来查询，在此我们也可以看出，为了查询更多有用的信息，连接查询是肯定要使用到的。

接下来的查询会越来越难了，不过大家不要着急，我们要做的是慢慢一步步仔细地分析，找出查询的方法，如果一看到题目就放弃了，那你真的要前功尽弃了。

任务 3.26 显示所有平均工资高于 2600 的部门名和对应的平均工资，查询结果如图 3-29 所示。

	部门名	平均工资
1	人事处	2912.500000
2	市场部	2683.333333

图 3-29 任务 3.26 的查询结果

查询语句如下：

```
select dname as 部门名,avg(actualsalary) as 平均工资
from worker w inner join depart d on w.depid= d.did inner join salary
s on
w.wid= s.wid
group by dname having avg(actualsalary)> = 2600
```

让我们先来分析一下这个查询的要求吧。最终要显示的是部门名和平均工资，部门名是在 depart（部门信息表）中，而工资信息是在 salary（工资信息表）中，观察这两个表，发现这两个表之间并没有直接可以连接的条件，在查询中经常会遇到这类问题，但是再进一步分析，我们可以找到，在这两个表之间有一个中间表 worker（职工信息表），通过 worker 表我们可以将 depart 表和 salary 表连接起来，如图 3-30 所示。所以虽然查询的字段就两个，但是在 from 后面连接的表却有三张。另外在此为三张表定义了别名，在整个查询引用的时候只要（并且只能）引用表的别名就可以了。

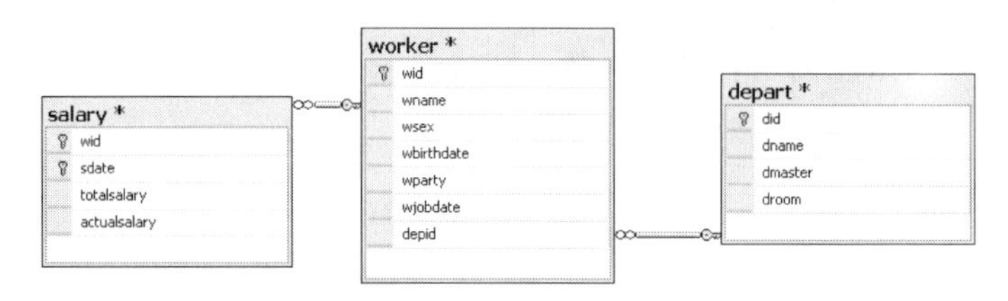

图 3-30 利用 worker 表将 salary 表和 depart 表之间的关系连接起来

3.3.2 外部连接

如果表中的某些行在其他表中不存在匹配行，使用内部连接查询时通常会删除原表中的这些行，而使用外部连接时，查询结果只要这些行符合 where 或 having 子句中设置的条件，则会返回 from 子句中提到的至少一个表的所有行。

参与外部连接查询的表有主从之分，主表的每行数据去匹配从表中的数据行，如果符合连接条件，则直接返回到查询结果中，如果主表中的行没有在从表中找到匹配的行，那么主表的行仍然保留，而从表的行填上“NULL”值并返回到查询结果中。

外部连接包括左外连接、右外连接和完全外部连接，在此我们先用一个简单的图示给大家介绍一下内部连接和三类外部连接的含义。

如图 3-31 所示，有两张表分别是 J 表和 L 表，这两张表有共同的字段 A，可以通过 A 字段进行各类连接。下面我们来看各类连接的结果，首先来看 J 表和 L 表内部等值连接的结果，如图 3-32 所示。

J

A	B	C
1	2	3
2	3	4

L

N	A	X
6	1	8
3	7	9

图 3-31　J 表和 L 表的内容

A	B	C	N	A	X
1	2	3	6	1	8

图 3-32　内部等值连接的结果

经过内部等值连接，我们发现 J 表和 L 表分别有一行记录由于不符合连接的条件而没有被查询出来。

将 J 表和 L 表通过 A 字段进行左外连接，结果如图 3-33 所示。

A#	B	C	N#	A	X
1	2	3	6	1	8
2	3	4	NULL	NULL	NULL

图 3-33　左外连接的结果

从图 3-33 中我们可以看到，在 J 表和 L 表进行左外连接时，J 表是主表，最终的结果保留了 J 表所有的记录，而 L 表的第一行记录可以与 J 表的第一条记录匹配上，所以数据都不为空，而对于 J 表的第二条记录在 L 表没有与之匹配的记录，所以数据用“NULL”来填充。

将 J 表和 L 表通过 A 字段进行右外连接，结果如图 3-34 所示。

A#	B	C	N#	A	X
1	2	3	6	1	8
NULL	NULL	NULL	3	7	9

图 3-34　右外连接的结果

在 J 表与 L 表进行右外连接时，L 表是主表，所以最终的结果保留了 L 表中所有的记录，而 J 表中与 L 表匹配的记录保留，不匹配的用“NULL”填充。

最后我们来看一下，J 表与 L 表完全外部连接的结果，如图 3-35 所示。完全外连接查询返回左表和右表中所有行的数据。若一个基表中某行在另一个基表中没有匹配的行，则另一个基表与之相对应的列值设为“NULL”值。如果基表之间有匹配行，则整个结果集包含基表的数据值。

A#	B	C	N#	A	X
1	2	3	6	1	8
NULL	NULL	NULL	3	7	9
2	3	4	NULL	NULL	NULL

图 3-35　完全外部连接的结果

任务 3.27 利用鼠标的方式，根据前面学过的方式为 factory 数据库新建一个表，名为 study，是用来记录员工关于培训的相关信息的。

【步骤 1】创建如图 3-36 所示的表结构。

列名	数据类型	允许 Null 值
study_id	char(2)	☐
study_name	varchar(50)	☑
wid	char(3)	☐
grade	char(4)	☑

图 3-36　study 表结构

【步骤 2】为表 study 输入如图 3-37 所示的数据。

study_id	study_name	wid	grade
01	岗前培训	001	优秀
01	岗前培训	003	合格
02	新技术培训	000	NULL
03	干部培训	005	优秀
03	干部培训	009	合格

图 3-37　study 表的数据

任务 3.28 对职工表 worker 和员工培训表 study 进行左外连接。

查询语句如下：

```
select worker.* ,study.*
from worker left outer join study on worker.wid= study.wid
```

在左外连接查询中左表就是主表，右表就是从表。左外连接返回关键字 outer join 左边的表中所有的行，如果左表的某数据行没有在右表中找到相应的匹配的数据行，则结果集中右表的对应位置填入“NULL”值。

在任务 3.28 中，worker 表就是主表，study 表是从表，所以进行左外连接后，worker 表中的数据是全部显示的，而 study 表中的数据不是全部显示的，只显示与 woker 表中相匹配的数据，查询结果如图 3-38 所示。

	wid	wname	wsex	wbirthdate	wparty	wjobdate	depid	study_id	study_name	wid	grade
1	001	孙华	男	1952-01-03	是	1970-10-10	1	01	岗前培训	001	优秀
2	002	孙天奇	女	1965-03-10	是	1987-07-10	2	NULL	NULL	NULL	NULL
3	003	陈明	男	1945-05-08	否	1965-01-01	2	01	岗前培训	003	合格
4	004	李华	女	1956-08-07	否	1983-07-20	3	NULL	NULL	NULL	NULL
5	005	余慧	女	1980-12-04	否	2007-10-02	3	03	干部培训	005	优秀
6	006	欧阳少兵	男	1971-12-09	是	1992-07-20	3	NULL	NULL	NULL	NULL
7	007	程西	女	1980-06-10	否	2007-10-02	1	NULL	NULL	NULL	NULL
8	008	张旗	男	1980-11-10	否	2007-10-02	2	NULL	NULL	NULL	NULL
9	009	刘夫文	男	1942-01-11	否	1960-08-10	2	03	干部培训	009	合格

图 3-38　任务 3.28 中左外连接的查询结果

任务 3.29 对职工表 worker 和员工培训表 study 进行右外连接。

查询语句如下：

```
select worker.* ,study.*
from worker right outer join study on worker.wid= study.wid
```

在任务 3.29 中，因为是 worker 表和 study 表的右外连接，所以 worker 表是从表，study 表变成了主表。进行右外连接后，study 表中的数据是全部显示的，而 worker 表中的数据不是全部显示的，只显示与 study 表中相匹配的数据，查询结果如图 3-39 所示。

	wid	wname	wsex	wbirthdate	wparty	wjobdate	depid	study_id	study_name	wid	grade
1	001	孙华	男	1952-01-03	是	1970-10-10	1	01	岗前培训	001	优秀
2	003	陈明	男	1945-05-08	否	1965-01-01	2	01	岗前培训	003	合格
3	NULL	NULL	NULL	NULL	NULL	NULL	NULL	02	新技术培训	000	NULL
4	005	余慧	女	1980-12-04	否	2007-10-02	3	03	干部培训	005	优秀
5	009	刘夫文	男	1942-01-11	否	1960-08-10	2	03	干部培训	009	合格

图 3-39　任务 3.29 中右外连接的查询结果

任务 3.30 对职工表 worker 和员工培训表 study 进行完全外连接。

查询语句如下：

```
select worker.* ,study.*
from worker full outer join study on worker.wid= study.wid
```

完全外连接查询返回左表和右表中所有行的数据。如果一个基本表中某行在另一个基本表中没有匹配的行，则另一个基本表与之相对应的列值设为“NULL”值。如果基本表之间有匹配行，则整体结果集包含基本表的数据值，任务 3.30 的查询结果如图 3-40 所示。

	wid	wname	wsex	wbirthdate	wparty	wjobdate	depid	study_id	study_name	wid	grade
1	001	孙华	男	1952-01-03	是	1970-10-10	1	01	岗前培训	001	优秀
2	002	孙天奇	女	1965-03-10	是	1987-07-10	2	NULL	NULL	NULL	NULL
3	003	陈明	男	1945-05-08	否	1965-01-01	2	01	岗前培训	003	合格
4	004	李华	女	1956-08-07	否	1983-07-20	3	NULL	NULL	NULL	NULL
5	005	余慧	女	1980-12-04	否	2007-10-02	3	03	干部培训	005	优秀
6	006	欧阳少兵	男	1971-12-09	是	1992-07-20	3	NULL	NULL	NULL	NULL
7	007	程西	女	1980-06-10	否	2007-10-02	1	NULL	NULL	NULL	NULL
8	008	张旗	男	1980-11-10	否	2007-10-02	2	NULL	NULL	NULL	NULL
9	009	刘夫文	男	1942-01-11	否	1960-08-10	2	03	干部培训	009	合格
10	NULL	NULL	NULL	NULL	NULL	NULL	NULL	02	新技术培训	000	NULL

图 3-40　任务 3.30 中完全外连接的查询结果

3.3.3　交叉连接

当对两个基表使用交叉连接查询时，将生成来自这两个基表各行的所有可能的组合。即在结果集中，两个基表中每两个可能成对的行生成新的一行。使用交叉连接查询生成的结果集可以分为两种情况，一种是不使用 where 子句，另一种则是使用 where 子句。当交叉连接查询语句中没有使用 where 子句时，返回的结果集是被连接的两个基表所有行的笛卡儿积，即返回的结果集中的行数，等于一个基表中的行数乘以另一个基表中的行数。

任务 3.31 对 worker 表和 study 表进行交叉连接查询。

查询语句如下：

```
select worker.wid,wname,wsex,study.study_id,grade
from worker cross join study
```

在查询窗口执行以上语句后，返回的结果如图 3-41 所示，总共有 45 行记录，正好是 worker 表的 9 行数据乘以 study 表的 5 行数据的结果。

	wid	wname	wsex	study_id	grade
1	001	孙华	男	01	优秀
2	002	孙天奇	女	01	优秀
3	003	陈明	男	01	优秀
4	004	李华	女	01	优秀
5	005	余慧	女	01	优秀
			⋮		
43	007	程西	女	03	合格
44	008	张旗	男	03	合格
45	009	刘夫文	男	03	合格

图 3-41　任务 3.31 中交叉连接的查询结果

任务 3.32 对 worker 表和 study 表进行交叉连接查询，带 where 条件。

查询语句如下：

```
select worker.wid,wname,wsex,study.study_id,grade
from worker cross join study
where worker.wid='001'
```

在执行任务 3.32 时，对于交叉查询的结果只选择 wid 为“001”的，查询结果共 5 行，如图 3-42 所示。

	wid	wname	wsex	study_id	grade
1	001	孙华	男	01	优秀
2	001	孙华	男	01	合格
3	001	孙华	男	02	NULL
4	001	孙华	男	03	优秀
5	001	孙华	男	03	合格

图 3-42　任务 3.32 中带 where 条件的交叉连接查询结果

知 识 点

多表连接查询的语句格式如下所示：

1. 内部连接

方法一

select ＜目标列 1 [as 列名 1] ＞ [，＜目标列 2 [as 列名 2] ＞…]

from ＜表名 1＞ inner join ＜表名 2＞ on ＜连接条件＞

知 识 点

方法二

select ＜目标列 1 [as 列名 1] ＞ [，＜目标列 2 [as 列名 2] ＞…]

from ＜表名 1＞，＜表名 2＞

where ＜连接条件＞

2. 外部连接

左外连接

select ＜目标列 1 [as 列名 1] ＞ [，＜目标列 2 [as 列名 2] ＞…]

from ＜表名 1＞ left outer join ＜表名 2＞ on ＜连接条件＞

右外连接

select ＜目标列 1 [as 列名 1] ＞ [，＜目标列 2 [as 列名 2] ＞…]

from ＜表名 1＞ right outer join ＜表名 2＞ on ＜连接条件＞

完全外连接

select ＜目标列 1 [as 列名 1] ＞ [，＜目标列 2 [as 列名 2] ＞…]

from ＜表名 1＞ full outer join ＜表名 2＞ on ＜连接条件＞

3. 交叉连接

select ＜目标列 1 [as 列名 1] ＞ [，＜目标列 2 [as 列名 2] ＞…]

from ＜表名 1＞ cross join ＜表名 2＞

3.4　操作结果集

在 SQL Server 2008 中，可以对 select 语句返回的结果集进行多种操作。例如，使用 union 将两个结果集组合在一起，通过公用表表达式来使用临时结果集，以及将结果集保存到表中，等等。

3.4.1　使用 union 组合结果集

union 运算符用于将两个或多个 select 语句的结果组合成一个结果集。使用 union 运算符组合的结果集都必须具有相同的结构，而且它们的列数必须相同，相应的结果集列的数据类型必须兼容。

使用 union 运算符时应遵循下列准则：

第一，在用 union 运算符组合的语句中，所有选择列表中的表达式（如列名称、算术表达式、聚集函数等）数目必须相同。

第二，union 组合的结果集中的对应列必须具有相同的数据类型，并且可以在两种数据类型之间进行隐式数据转换，或者可以提供显式转换。

第三，用 union 运算符组合的各语句中对应结果集列的顺序必须相同，因为 union

运算符按照各个查询中给定的顺序一对一地比较各列。

任务 3.33 增加一个 customer 客户表，然后查询所有男职工和男客户的编号、姓名、性别、出生日期。

查询语句如下：

```
create table customer
(cid char(3) primary key,
cname varchar(30) not null,
csex char(2),
cbirthdate date)
go
insert into customer
values('c01','陈建强','男','1985-02-01')
go
insert into customer
values('c02','周小航','男','1987-03-02')
go
insert into customer
values('c03','朱小倩','女','1987-04-21')
go
select wid,wname,wsex,wbirthdate
from worker
where wsex= '男'
union
select cid,cname,csex,cbirthdate
from customer
where csex= '男'
```

在任务 3.33 中，首先创建了一个客户表 customer，然后增加了三行数据，其中两行数据的客户性别是男的。最后利用 union 连接查询结果，查询出职工表 worker 和客户表 customer 表中男职工和男客户的编号、姓名、性别、出生日期这四个字段的信息，最终的查询结果如图 3-43 所示。

在使用 union 时，每个查询语句必须具有相同的列数，对应位置的列的数据类型要相同，若列宽度不同，以最宽字段的宽度作为输出字段的宽度。

	wid	wname	wsex	wbirthdate
1	001	孙华	男	1952-01-03
2	003	陈明	男	1945-05-08
3	006	欧阳少兵	男	1971-12-09
4	008	张旗	男	1980-11-10
5	009	刘夫文	男	1942-01-11
6	c01	陈建强	男	1985-02-01
7	c02	周小航	男	1987-03-02

图 3-43 任务 3.33 中使用 union 组合结果集的查询结果

3.4.2　使用公用表表达式

公用表表达式在英文中缩写为 CTE（Common Table Expression），它由表达式名称、可选列列表和定义 CTE 的查询组成。CTE 可以视为临时结果集，该结果集在 select、insert、update、delete 或 create view 语句的执行范围内进行定义。CTE 不存储对象，并且只在查询期间有效，它可以自引用，还可以在同一查询中引用多次。

定义 CTE 后，可以在 select、insert、update 或 delete 语句中对其进行引用，就像引用表或视图一样。

任务 3.34　利用公用表表达式，先将“人事处”职工的“（职工号，职工姓名，部门名，发工资日期，实发工资）”查询出来放在结果集中，然后再利用一条 select 语句查询出 2011 年 1 月份职工的职工号，职工姓名，部门名，实发工资。

查询语句如下：

```
with 结果集(职工号,职工姓名,部门名,发工资日期,实发工资) as
(select worker.wid,wname,dname,sdate,actualsalary
 from worker inner join salary on worker.wid= salary.wid
 inner join depart on worker.depid= depart.did
 where dname='人事处')
 select *
 from 结果集
 where year(发工资日期)= 2011 and month(发工资日期)= 1
```

查询结果如图 3-44 所示。

	职工号	职工姓名	部门名	发工资日期	实发工资
1	002	孙天奇	人事处	2011-01-04	2000.0
2	003	陈明	人事处	2011-01-04	3400.0
3	008	张旗	人事处	2011-01-04	2400.0
4	009	刘夫文	人事处	2011-01-04	3800.0

图 3-44　任务 3.34 中使用公用表表达式的查询结果

3.4.3　将结果集保存到表中

在 select 语句中的查询结果不仅可以显示查看，还可以作为一个数据表永久保存起来。into 子句用来将查询结果数据集保存到指定名称的数据表中。

任务 3.35　将查询结果保存为数据表。

查询语句如下：

```
select wid,wname,dname
into worker_depart
from worker inner join depart on worker.depid= depart.did
```

在任务 3.35 执行过程中，利用 select 语句查询出相关的内容存放在表 worker_depart 中，执行完此语句后，刷新对象资源管理器中的 factory 数据库，能够看到 worker_depart 这张新表，如图 3-45 所示，worker_depart 表中的数据如图 3-46 所示。

factory
数据库关系图
表
系统表
dbo.customer
dbo.depart
dbo.salary
dbo.study
dbo.worker
dbo.worker_depart

图 3-45　任务 3.35 中将结果集保存为数据表

wid	wname	dname
001	孙华	财务处
002	孙天奇	人事处
003	陈明	人事处
004	李华	市场部
005	余慧	市场部
006	欧阳少兵	市场部
007	程西	财务处
008	张旗	人事处
009	刘夫文	人事处

图 3-46　worker_depart 表中的数据

3.5　子　查　询

在前面我们介绍了可以利用连接查询实现对多个表中的数据的查询。同样，使用子查询也可以对多个表中的数据进行查询，而且所有的连接查询都可以转换成等价的子查询，而反之则未必，可见子查询可以完成更加复杂的多表查询。子查询遵守 SQL Server 查询的规则，可以运用在 select、insert、update 等语句中。

3.5.1　含 in 谓词的子查询

in 谓词的作用是判断一个表中指定列的值是否包含在已定义的列表中，或在另一个表中。通过使用 in 关键字把原表中目标列的值和子查询的返回结果进行比较，如果指定的列值与子查询的结果一致或存在与之匹配的数据行，则查询结果集中就包含该数据行。

任务 3.36　查询与职工号为“001”的职工一起进行过企业相关培训的职工号。

查询语句如下：

```
select wid
from study
where wid< > '001' and study_id in
       (select study_id
        from study
        where wid= '001')
```

在任务 3.36 中要完成的查询是与职工号为“001”的职工一起进行过企业相关培训的职工号。要完成这个查询，我们首先要查询出职工号为“001”的职工进行了哪些培训，这个查询在子查询中完成，根据图 3-47 所示的职工“001”参加过的培训是岗前培训。在父查询中利用 in 谓词再查询出培训课程在子查询刚刚查询出的培训课程集合里的职工号，最后在条件里还要加一条，不包括“001”本人，任务 3.36 的查询结果如图 3-48 所示。

study_id	study_name	wid	grade
01	岗前培训	001	优秀
01	岗前培训	003	合格
02	新技术培训	000	NULL
03	干部培训	005	优秀
03	干部培训	009	合格

图 3-47　study 培训信息表中的数据

	wid
1	003

图 3-48　任务 3.36 中子查询的结果

任务 3.37　查询与职工号为"001"的职工一起进行过企业相关培训的职工姓名。

在任务 3.36 中职工号为"001"的职工只进行了一门培训，为了更好地学习 in 谓词，我们在完成任务 3.37 前先往 study 表中插入两行数据，插入后 study 表中的数据如图 3-49 所示。

study_id	study_name	wid	grade
01	岗前培训	001	优秀
01	岗前培训	003	合格
02	新技术培训	000	NULL
03	干部培训	005	优秀
03	干部培训	009	合格
04	财务培训	001	合格
04	财务培训	007	优秀

图 3-49　任务 3.37 中所查询的 study 数据表

查询语句如下：

```
select wname
from worker
where wid in
    (select wid
     from study
     where wid< > '001'and study_id in
           (select study_id
            from study
            where wid= '001'))
```

在任务 3.37 中，要查询的是与职工号为"001"的职工一起进行过企业相关培训的职工姓名，相当于将任务 3.36 中查询出来的职工号再查询出职工姓名，所以需要再用一个子查询。由于在任务 3.37 中已经新增加了两行数据，所以匹配的数据行有两行。查询结果如图 3-50 所示。

	wname
1	陈明
2	程西

图 3-50　任务 3.37 子查询的结果

在这两个任务中，所采用的都是含 in 谓词的子查询。

3.5.2 带有比较运算符的子查询

带有比较运算符的子查询是指父查询与子查询之间用比较运算符进行连接。当单使用比较运算符，则用户必须确切知道子查询的返回值是一个单值。当子查询的返回结果不是单值时，比较运算符也可以和 any 或 all 同时使用。在此，any 表示任何一个，all 表示全部。如：

＞any 表示大于子查询结果中的任何一个结果；

＜all 表示小于子查询结果中的所有值。

任务 3.38 查询 2011 年 1 月的实发工资小于该月平均实发工资的职工号。

查询语句如下：

```
select wid
from salary
where actual salary<
        (select avg(actualsalary)
         from salary
         where year(sdate)= 2011 and month(sdate)= 1)
and year(sdate)= 2011 and month(sdate)= 1
```

	wid
1	002
2	004
3	006
4	007
5	008

图 3-51 任务 3.38 中子查询的结果

在任务 3.38 中是要查询 2011 年 1 月的实发工资小于该月平均实发工资的职工号。要完成这个查询，我们首先得知道该月的平均工资是多少，这个任务需要先用子查询来完成，然后再把子查询的结果当做父查询的条件，并且由于是查询 2011 年 1 月份的实发工资，所以在条件里要利用函数来指定查询的年月，任务 3.38 的查询结果如图 3-51 所示。

在任务 3.38 中，由于子查询返回的平均值只是一个单值，所以可以直接使用比较运算符，如果子查询返回的结果不是单值，而是有若干值，则在比较运算符的后面要加上 any 或者 all。

任务 3.39 查询比部门号为“1”的职工年龄都小的职工姓名和出生年月。

查询语句如下：

```
select wname,wbirthdate
from worker
where wbirthdate< all
       (select wbirthdate
        from worker
        where depid= '1')
```

	wname	wbirthdate
1	陈明	1945-05-08
2	刘夫文	1942-01-11

图 3-52 任务 3.39 子查询的结果

在任务 3.39 中要完成的是查询比部门号为“1”的职工年龄都小的职工姓名和出生年月。首先我们要查询出部门号为“1”的职工的出生日期，查询的结果是多值，所以我们在父查询中比较时需要在比较运算符的后面加上 all，all 表示所有的，查询结果如图 3-52 所示。

任务 3.40　查询比部门号为“1”的任意一个职工年龄都小的职工姓名和出生年月。

查询语句如下：

```
select wname,wbirthdate
from worker
where wbirthdate< any
       (select wbirthdate
        from worker
        where depid='1')
```

在任务 3.40 中，查询的是比部门号为“1”的任意一个职工年龄都小的职工姓名和出生年月，查询结果如图 3-53 所示。

	wname	wbirthdate
1	孙华	1952-01-03
2	孙天奇	1965-03-10
3	陈明	1945-05-08
4	李华	1956-08-07
5	欧阳少兵	1971-12-09
6	刘夫文	1942-01-11

图 3-53　任务 3.40 中子查询的结果

任务 3.41　显示最高工资（应发工资）的职工所在的部门名。

方法一　全部利用子查询来完成。

查询语句如下：

```
select dname
from depart
where did=
      (select depid
        from worker
        where wid=
            (select wid
             from salary
             where totalsalary= (select max(total salary)from salary)))
```

在任务 3.41 中要查询的是最高工资的职工所在的部门名，我们先要从 salary 表中查询最高工资是多少，然后在 salary 表中查询出最高工资的职工号，再在 worker 表中查询出该职工所在的部门号，最后在 depart 表中查询出该部门号所对应的部门名，查询结果如图 3-54 所示。

	dname
1	人事处

图 3-54　任务 3.41 中子查询的结果

在任务 3.41 中，方法一是全部采用子查询的方式来完成，其实要完成这个任务也可以采用多表连接查询的方式或采用操作结果集的方式来完成，具体如方法二和方法三所示。

方法二　利用多表连接查询来完成。

查询语句如下：

```
select dname
from worker inner join depart on worker.depid= depart.did inner join
salary on worker.wid= salary.wid
where totalsalary= (select max(totalsalary) from salary)
```

方法三　利用操作结果集来完成。

查询语句如下：

```
with 结果集 (wid,wname,dname,totalsalary) as
(select worker.wid,wname,depart.dname,salary.totalsalary
 from worker inner join salary on worker.wid= salary.wid
 inner join depart on worker.depid= depart.did)
select top 1 dname from 结果集 order by totalsalary desc
```

在方法三中的 top1 指的是取该查询结果的第一条记录。

任务 3.42　显示所有平均工资（应发工资）低于全部职工平均工资的职工号和姓名。

方法一　全部采用子查询来完成。

查询语句如下：

```
select wid,wname
from worker
where wid in
      (select wid
       from salary
       group by wid
       having avg(totalsalary)< (select avg(totalsalary) from salary))
```

在任务 3.42 中，要查询的是显示所有平均工资（应发工资）低于全部职工平均工资的职工号和姓名，要完成这个查询首先要查询出所有职工的平均工资，这个查询在子查询中完成。接着在子查询中按照职工号分组，求出每个职工的平均工资，并且在 having 条件里查询出每个职工的平均工资低于全部职工平均工资的职工号。最后在父查询中根据职工号来查询对应的职工姓名。任务 3.42 的查询结果如图 3-55 所示。

	wid	wname
1	002	孙天奇
2	004	李华
3	006	欧阳少兵
4	007	程西
5	008	张旗

图 3-55　任务 3.42 中子查询的结果

在任务 3.42 中，方法一是全部采用子查询的方式来完成，其实要完成这个任务也可以采用多表连接查询的方式或采用操作结果集的方式来完成，具体如方法二和方法三所示。

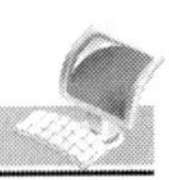

方法二　利用多表连接查询来完成。

查询语句如下：

```
select salary.wid,wname
from worker inner join salary on worker.wid= salary.wid
group by salary.wid ,wname having avg(totalsalary)< (select avg(total
                                                   salary)from
                                                   salary)
```

方法三　利用操作结果集来完成。

查询语句如下：

```
with 结果集(wid,avgsalary,wname) as
(select salary.wid ,avg(totalsalary) as avgsalary,wname
 from salary inner join worker
 on salary.wid = worker.wid
 group by salary.wid,wname )
select wid,wname from 结果集
where avgsalary< any(select avg(totalsalary)from salary)
```

3.5.3　使用子查询代替表达式

在SQL语句中，除了order by语句外，在select、update、insert和delete语句中任何能够使用表达式的地方都可以用子查询替代。

任务3.43　显示所有职工的职工号、姓名和平均工资。

方法一　使用子查询来完成。

查询语句如下：

```
select wid,wname,
(select avg(totalsalary) from salary where worker.wid= salary.wid) as avg-
total
 from worker
```

在任务3.43中我们利用子查询来代替表达式完成了查询，查询结果如图3-56所示。

	wid	wname	avgtotal
1	001	孙华	4100.000000
2	002	孙天奇	2050.000000
3	003	陈明	3750.000000
4	004	李华	2500.000000
5	005	余慧	4550.000000
6	006	欧阳少兵	2500.000000
7	007	程西	1800.000000
8	008	张旗	2900.000000
9	009	刘夫文	4750.000000

图3-56　任务3.43中子查询的结果

要完成任务 3.43，利用前面学过的查询方式也可以，如方法二所示。

方法二　使用前面学过的查询方式来完成。

查询语句如下：

```
select worker.wid,wname,avg(totalsalary) as avgtotal
from worker inner join salary on worker.wid= salary.wid
group by worker.wid,wname
```

3.5.4　带有 exists 谓词的子查询

exists 谓词用于在 where 子句中测试子查询返回的数据行是否存在，但是子查询不会返回任何数据行，只产生逻辑值“true”或“false”。如果子查询的值存在则返回 true，否则返回 false。

任务 3.44　查询所有进行过岗前培训的职工号和职工姓名。

查询语句如下：

```
select wid,wname
from worker
where exists
      (select *
       from study
       where worker.wid= study.wid and studyname= '岗前培训')
```

	wid	wname
1	001	孙华
2	003	陈明

图 3-57　任务 3.44 中子查询的结果

在任务 3.44 中，子查询返回的是“true”或“false”的值，若某职工参加过岗前培训，则返回 true 值，然后将该职工的职工号和姓名查询出来，查询的结果如图 3-57 所示。

任务 3.45　查询所有未进行过岗前培训的职工号和职工姓名。

查询语句如下：

```
select wid,wname
    from worker
    where not exists
           (select *
            from study
            where worker.wid= study.wid and study_
            name= '岗前培训')
```

在任务 3.45 中查询的是未进行过岗前培训的职工号和职工姓名，只要在 exists 谓词前加上 not 就可以了，查询结果如图 3-58 所示。

	wid	wname
1	002	孙天奇
2	004	李华
3	005	余慧
4	006	欧阳少兵
5	007	程西
6	008	张旗
7	009	刘夫文

图 3-58　任务 3.45 中子查询的结果

3.6　本章实训：查询医疗垃圾处理数据库

本次实训环境

在第 2 章中我们已经根据要求完成了医疗垃圾处理数据库的创建工作，现在需要利用 SQL 查询语句对医疗垃圾处理数据库进行查询。

本次实训操作要求

按照要求利用 SQL 语句来完成以下的查询。

1. 查询医疗机构基本信息表（me_info）中的所有数据结果如图 3-59 所示。

	me_no	name	phone	address	contact	grade	bank	account
1	1001	宁波医院	88881111	宁波市区	周东	三级	中国银行	45635162
2	1002	北仑医院	88881112	北仑区	王一清	二级	中国银行	45635163
3	1003	象山医院	88881113	象山县	李一建	二级	中国银行	45635164
4	1004	奉化医院	88881114	奉化市	周小航	二级	中国银行	45635165
5	1005	溪口医院	88881115	溪口镇	王斌	一级	中国银行	45635166
6	1006	东柳社区医院	88881116	东柳街道	林帅	一级	工商银行	95588139
7	1007	开发区医院	88881117	开发区	蒋东	一级	工商银行	95588140
8	1008	中医院	88881118	宁波市区	毛建光	三级	工商银行	95588141

图 3-59　实训任务 1 执行后的结果

2. 查询垃圾处理实时管理表（handle）中的合同编号（billno）、处理日期（handledate）、周转箱数（number），要求显示的字段名为合同编号、处理日期、周转箱数。结果如图 3-60 所示。

	合同编号	处理日期	周转箱数
1	9001	2010-02-05	21
2	9001	2010-05-07	18
3	9002	2012-07-01	15
4	9002	2012-10-09	9
5	9002	2012-12-21	12
6	9003	2011-07-12	13
7	9003	2011-12-03	8
8	9004	2011-08-12	20

图 3-60　实训任务 2 执行后的结果

3. 查询合同在2013-02-01前到期的合同编号、医疗机构名称、到期日期。结果如图3-61所示。

	合同编号	医疗机构	到期日期
1	9001	1001	2012-01-05

图3-61 实训任务3执行后的结果

4. 查询开户银行在中国银行或工商银行的所有医疗机构的名称，用in谓词来完成查询。结果如图3-62所示。

	name
1	宁波医院
2	北仑医院
3	象山医院
4	奉化医院
5	溪口医院
6	东柳社区医院
7	开发区医院
8	中医院

图3-62 实训任务4执行后的结果

5. 查询所有社区医院的医疗机构名称和联系人。结果如图3-63所示。

	name	contact
1	东柳社区医院	林帅

图3-63 实训任务5执行后的结果

6. 查询2011年度新增床位在300张以上的医疗机构代码和新增床位数。结果如图3-64所示。

	me_no	addnumber
1	1002	300
2	1008	340

图3-64 实训任务6执行后的结果

7. 查询所有医疗机构2012年度平均的付款金额、最大付款金额、最小付款金额、总共付款次数、总共付款金额。结果如图3-65所示。

	平均付款金额	最大付款金额	最小付款金额	总共付款次数	总共付款金额
1	5000.00	8000.00	2000.00	4	20000.00

图3-65 实训任务7执行后的结果

8. 查询最后二位签合同的医疗机构代码、签合同的日期。结果如图3-66所示。

	me_no	signdate
1	1002	2012-06-01
2	1008	2011-06-12

图3-66 实训任务8执行后的结果

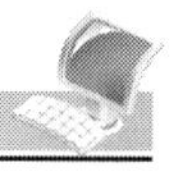

9. 分别统计各个合同已付款的总额。结果如图3-67所示。

	合同编号	已付款总额
1	9001	15000.00
2	9002	10000.00
3	9003	8000.00
4	9004	7000.00

图3-67　实训任务9执行后的结果

10. 查询床位总数在350以上的医疗机构代码和床位总数。结果如图3-68所示。

	医疗机构代码	床位总数
1	1001	600
2	1002	380

图3-68　实训任务10执行后的结果

11. 查询在宁波市区的医疗机构的全部信息，并且存入临时表#me_info1中，然后从临时表中查询所有数据。结果如图3-69所示。

	me_no	name	phone	address	contact	grade	bank	account
1	1001	宁波医院	88881111	宁波市区	周东	三级	中国银行	45635162
2	1008	中医院	88881118	宁波市区	毛建光	三级	工商银行	95588141

图3-69　实训任务11执行后的结果

12. 查询垃圾处理实时管理表中的合同编号，相同的只出现一次。结果如图3-70所示。

	billno
1	9001
2	9002
3	9003
4	9004

图3-70　实训任务12执行后的结果

13. 用两种不同的指定方式查询合同编号、医疗机构代码、医疗机构名称、签订合同日期、每箱金额。结果如图3-71所示。

	billno	me_no	name	signdate	amount
1	9001	1001	宁波医院	2010-01-05	200.00
2	9002	1002	北仑医院	2012-06-01	240.00
3	9003	1007	开发区医院	2011-05-12	220.00
4	9004	1008	中医院	2011-06-12	220.00

图3-71　实训任务13执行后的结果

14. 查询最后二位签合同的医疗机构代码、医疗机构名称、签合同的日期。结果如图 3-72 所示。

	me_no	name	signdate
1	1002	北仑医院	2012-06-01
2	1008	中医院	2011-06-12

图 3-72 实训任务 14 执行后的结果

15. 查询床位总数在 350 以上的医疗机构代码、医疗机构名称和床位总数。结果如图 3-73 所示。

	医疗机构代码	医疗机构名称	床位总数
1	1001	宁波医院	600
2	1002	北仑医院	380

图 3-73 实训任务 15 执行后的结果

16. 查询医疗机构代码、医疗机构名称、合同总金额。结果如图 3-74 所示。

	医疗机构代码	医疗机构名称	合同总金额
1	1001	宁波医院	15000.00
2	1002	北仑医院	10000.00
3	1007	开发区医院	8000.00
4	1008	中医院	7000.00

图 3-74 实训任务 16 执行后的结果

17. 显示合同编号、医疗机构名称、周转箱数、应付总金额。结果如图 3-75 所示。

	合同编号	医疗机构名称	周转箱数	应付总金额
1	9001	宁波医院	39	7800.00
2	9002	北仑医院	36	8640.00
3	9003	开发区医院	21	4620.00
4	9004	中医院	20	4400.00

图 3-75 实训任务 17 执行后的结果

18. 对医疗机构基本信息表（me_info）和合同录入表（contracts）进行左连接查询。结果如图 3-76 所示。

	me_no	name	phone	address	contact	grade	bank	account	billno	signdate	enddate	me_no	amount
1	1001	宁波医院	88881111	宁波市区	周东	三级	中国银行	45635162	9001	2010-01-05	2012-01-05	1001	200.00
2	1002	北仑医院	88881112	北仑区	王一清	二级	中国银行	45635163	9002	2012-06-01	2014-06-01	1002	240.00
3	1003	象山医院	88881113	象山县	李一建	二级	中国银行	45635164	NULL	NULL	NULL	NULL	NULL
4	1004	奉化医院	88881114	奉化市	周小航	二级	中国银行	45635165	NULL	NULL	NULL	NULL	NULL
5	1005	溪口医院	88881115	溪口镇	王斌	一级	中国银行	45635166	NULL	NULL	NULL	NULL	NULL
6	1006	东柳社区医院	88881116	东柳街道	林帅	一级	工商银行	95588139	NULL	NULL	NULL	NULL	NULL
7	1007	开发区医院	88881117	开发区	蒋东	一级	工商银行	95588140	9003	2011-05-12	2013-05-12	1007	220.00
8	1008	中医院	88881118	宁波市区	毛建光	三级	工商银行	95588141	9004	2011-06-12	2013-06-12	1008	220.00

图 3-76 实训任务 18 执行后的结果

19. 对医疗机构基本信息表（me_info）和合同录入表（contracts）进行右连接查询。结果如图3-77所示。

	me_no	name	phone	address	contact	grade	bank	account	billno	signdate	enddate	me_no	amount
1	1001	宁波医院	88881111	宁波市区	周东	三级	中国银行	45635162	9001	2010-01-05	2012-01-05	1001	200.00
2	1002	北仑医院	88881112	北仑区	王一清	二级	中国银行	45635163	9002	2012-06-01	2014-06-01	1002	240.00
3	1007	开发区医院	88881117	开发区	蒋东	一级	工商银行	95588140	9003	2011-05-12	2013-05-12	1007	220.00
4	1008	中医院	88881118	宁波市区	毛建光	三级	工商银行	95588141	9004	2011-06-12	2013-06-12	1008	220.00

图3-77　实训任务19执行后的结果

20. 对医疗机构基本信息表（me_info）和合同录入表（contracts）进行完全外连接查询。结果如图3-78所示。

	me_no	name	phone	address	contact	grade	bank	account	billno	signdate	enddate	me_no	amount
1	1001	宁波医院	88881111	宁波市区	周东	三级	中国银行	45635162	9001	2010-01-05	2012-01-05	1001	200.00
2	1002	北仑医院	88881112	北仑区	王一清	二级	中国银行	45635163	9002	2012-06-01	2014-06-01	1002	240.00
3	1003	象山医院	88881113	象山县	李一建	二级	中国银行	45635164	NULL	NULL	NULL	NULL	NULL
4	1004	奉化医院	88881114	奉化市	周小航	二级	中国银行	45635165	NULL	NULL	NULL	NULL	NULL
5	1005	溪口医院	88881115	溪口镇	王斌	一级	中国银行	45635166	NULL	NULL	NULL	NULL	NULL
6	1006	东柳社区医院	88881116	东柳街道	林帅	一级	工商银行	95588139	NULL	NULL	NULL	NULL	NULL
7	1007	开发区医院	88881117	开发区	蒋东	一级	工商银行	95588140	9003	2011-05-12	2013-05-12	1007	220.00
8	1008	中医院	88881118	宁波市区	毛建光	三级	工商银行	95588141	9004	2011-06-12	2013-06-12	1008	220.00

图3-78　实训任务20执行后的结果

21. 对于医疗机构基本信息表（me_info）和合同录入表（contracts）进行交叉连接查询。结果如图3-79所示。

	me_no	name	phone	address	contact	grade	bank	account	billno	signdate	enddate	me_no	amount
1	1001	宁波医院	88881111	宁波市区	周东	三级	中国银行	45635162	9001	2010-01-05	2012-01-05	1001	200.00
2	1002	北仑医院	88881112	北仑区	王一清	二级	中国银行	45635163	9001	2010-01-05	2012-01-05	1001	200.00
3	1003	象山医院	88881113	象山县	李一建	二级	中国银行	45635164	9001	2010-01-05	2012-01-05	1001	200.00
4	1004	奉化医院	88881114	奉化市	周小航	二级	中国银行	45635165	9001	2010-01-05	2012-01-05	1001	200.00
5	1005	溪口医院	88881115	溪口镇	王斌	一级	中国银行	45635166	9001	2010-01-05	2012-01-05	1001	200.00
						⋮							
30	1006	东柳社区医院	88881116	东柳街道	林帅	一级	工商银行	95588139	9004	2011-06-12	2013-06-12	1008	220.00
31	1007	开发区医院	88881117	开发区	蒋东	一级	工商银行	95588140	9004	2011-06-12	2013-06-12	1008	220.00
32	1008	中医院	88881118	宁波市区	毛建光	三级	工商银行	95588141	9004	2011-06-12	2013-06-12	1008	220.00

图3-79　实训任务21执行后的结果

22. 查询垃圾实时处理的相关信息，在最后一行显示垃圾处理的总周转箱数。结果如图3-80所示。

	合同编号	处理日期	周转箱数
1	9001	2010-02-05	21
2	9001	2010-05-07	18
3	9002	2012-07-01	15
4	9002	2012-10-09	9
5	9002	2012-12-21	12
6	9003	2011-07-12	13
7	9003	2011-12-03	8
8	9004	2011-08-12	20
9	合计周转箱数	NULL	116

图3-80　实训任务22执行后的结果

23. 利用公用表表达式，先将合同编号、医疗机构代码、医疗机构名称、每箱金额、处理日期、处理周转箱数的信息查询出来放在结果集中，然后再利用一条查询语句查询出每次处理周转箱数在15箱以上的相关信息。结果如图3-81所示。

	合同编号	医疗机构代码	医疗机构名称	每箱金额	处理日期	处理周转箱数
1	9001	1001	宁波医院	200.00	2010-02-05	21
2	9001	1001	宁波医院	200.00	2010-05-07	18
3	9002	1002	北仑医院	240.00	2012-07-01	15
4	9004	1008	中医院	220.00	2011-08-12	20

图3-81　实训任务23执行后的结果

24．利用子查询来完成在2011年进行过医疗垃圾处理的医疗机构代码、医疗机构名称的查询。结果如图3-82所示。

	me_no	name
1	1007	开发区医院
2	1008	中医院

图3-82　实训任务24执行后的结果

25．利用子查询来完成签订合同的每箱金额大于平均金额的合同编号、医疗机构代码的查询。结果如图3-83所示。

	billno	me_no
1	9002	1002
2	9003	1007
3	9004	1008

图3-83　实训任务25执行后的结果

26．查询其他年度比2011年度每次增加床位数多的医疗机构代码和名称，利用子查询来完成。结果如图3-84所示。

	me_no	name
1	1001	宁波医院

图3-84　实训任务26执行后的结果

27．显示所有合同的合同编号、医疗机构代码、总共处理周转箱数，分别利用子查询代替表达式和连接查询两种查询方式来完成。结果如图3-85所示。

	billno	me_no	totalnumber
1	9001	1001	39
2	9002	1002	36
3	9003	1007	21
4	9004	1008	20

图3-85　实训任务27执行后的结果

28．查询未签过合同的医疗机构代码和名称。结果如图3-86所示。

	me_no	name
1	1003	象山医院
2	1004	奉化医院
3	1005	溪口医院
4	1006	东柳社区医院

图3-86　实训任务27执行后的结果

3.7　本章习题

一、思考题

1. SQL 查询语句的一般语句格式是怎样的？

2. 在查询语句中 where 后面的条件运算符有哪些？

3. 在查询语句中有哪些聚集函数可以使用？

4. 在查询时，如何对数据进行分组？如何设置分组以后的条件？

5. 对查询结果进行排序时升序和降序该如何表示？默认的情况是升序还是降序？

6. 对多表的连接查询可以采用哪两种不同的指定方式？

7. 操作结果集有什么作用？对查询会带来什么好处？

8. 什么是子查询？是不是所有的连接查询都可以转换成等价的子查询？

9. 子查询的查询方式有哪几种？在涉及比较运算的子查询时 all 和 any 用在什么情况下？

10. 如何在查询时对查询的字段进行重命名？若查询的结果有重复行，如何只选取一个？

二、应用题

设学生课程数据库 stu 包括三个表（如下所示），具体的表结构和数据请查看附录 C。

```
student(sno,sname,ssex,sbirth,sdept)
course(cno,cname,ccred)
stu_course(sno,cno,grade)
```

1. 写出完成如下功能的 SQL 简单查询语句：

(1) 查询全体学生的详细记录。

(2) 查询全体学生的学号与姓名。

(3) 查询计算机系全体学生的名单。

(4) 查询所有年龄在 20 岁以下的学生姓名与年龄。

(5) 查询考试成绩有不及格的学生的学号。

(6) 查询年龄不在 20 到 23 岁之间的学生的姓名、系别、年龄。

(7) 查信息系、数学系、计算机系的学生的姓名和性别。

(8) 查询所有姓刘的学生的姓名、学号和性别。

(9) 查询所有名字的第二个字为“立”的学生的姓名和学号。

(10) 查询所有不姓刘的学生姓名。

(11) 查询计算机系年龄在 20 岁以下的学生姓名。

(12) 查询缺少成绩的学生的学号与相应的课程号。

(13) 查询所有选修过课的学生的学号。

(14) 查询所有选修过课的学生的学号(同一学号只出现一次)。

2. 写出完成如下功能的 SQL 查询语句:

(1) 查询学生总人数,查询后列名显示为“总人数”。

(2) 查询选修了课程的学生人数,查询后列名显示为“选课人数”。

(3) 计算学习 1 号课程的学生最高分数查询后列名显示为“一号课程”。

(4) 查询选修了 3 号课程的学生的学号与成绩,查询结果按分数降序排列。

(5) 查询全体学生的情况,查询结果按所在系升序排列,对同一系中的学生按年龄降序排列。

(6) 查询各个课程号与相应的选课人数。

(7) 查询选修了 3 门以上课程的学生的学号。

(8) 查询每个学生及其选修课程的情况。

(9) 查询每个学生所选所有课程的平均分。

(10) 查询与 95001 选修同一门课程的学生学号,相同的只显示一个,用 in。

(11) 查询所有成绩高于平均成绩的学生的学号和姓名。

(12) 查询其他系中比英语系所有学生年龄都小的学生名单。

(13) 使用存在性测试子查询,查询包含在 course 表中未包含在 stu _ course 表中的课程的编号和名称。

3. 写出完成如下功能的 SQL 查询语句:

(1) 增加一个教师表 teacher(tid,tname,tsex,tdept),四个字段分别表示教师编号、教师姓名、教师性别、所在系。表字段的类型和表数据由自己设定,查询出“计算机系”所有老师和学生的信息。

(2) 增加一个教学表 teach(tid,cno,tgrade),三个字段分别表示教师编号、课程编号、评价分数。表字段的类型和表数据由自己设定,利用公用表表达式,先将(教师编号,学生姓名,课程名称,成绩)查询出来放在结果集中,然后再利用一条 select 语句查询出教师姓名、学生姓名、课程名称、成绩,并且按照教师编号从小到大排序,教师编号一样的按成绩从高到低排序。

(3) 查询“信息系统”课程成绩高于所有课程平均分的第 1 名学生,要求显示学号、姓名、课程名和成绩,并按成绩降序排列。

(4) 使用子查询替代表达式,查询每个学生的平均分并按平均分降序排序,若平均分相同,按学号升序排序。为了得到同样的查询结果,利用另一种查询方法来实现。

第 4 章　更新职工信息数据库

在实际应用中，不仅需要从数据库表中查询数据，还需要对数据表中的数据进行更新操作，包括插入新的数据、删除数据和修改数据。在本章中我们将会介绍如何用 SQL 语句来执行以上的操作，对于鼠标操作的方式比较简单，用户可以在 SQL Server 2008 中打开相关的表进行更新操作，在此不作介绍。

本章项目名称：更新职工信息数据库

项目具体要求：根据任务的需求完成对职工信息数据库的更新操作，包括插入数据操作、修改数据操作和删除数据操作。

4.1　插 入 数 据

insert 是 SQL 的插入语句，该语句通常有两种格式：一种是简单地插入一条记录，另一种是插入子查询的结果，后一种可以插入多行数据。

4.1.1　insert...values 语句

我们可以利用 insert 语句来为表插入一条记录。

任务 4.1　向 depart（部门）表中插入一行数据“（‘5’,‘计划部’,‘008’,‘2206’）”，插入该行数据后表 depart 中的数据如图 4-1 所示。

	did	dname	dmaster	droom
1	1	财务处	003	2201
2	2	人事处	005	2209
3	3	市场部	009	3201
4	4	开发部	001	3206
5	5	计划部	008	2206

图 4-1　任务 4.1 完成后表 depart 的查询结果

语句如下：

```
insert into depart
values('5','计划部','008','2206')
```

在这个 insert 语句中，对所有的字段都进行了插入操作，所以在表名后面可以不指定字段名，若在插入时只对部分字段进行插入操作，则在表名后面要指定字段名。

任务 4.2 向 worker（职工）表插入一行数据，职工号为“010”，职工名为“李飞龙”，生日为“1967-04-01”，部门号为“4”，插入该行数据后表 depart 中的数据如图 4-2 所示。

	wid	wname	wsex	wbirthdate	wparty	wjobdate	depid
1	001	孙华	男	1952-01-03	是	1970-10-10	1
2	002	孙天奇	女	1965-03-10	是	1987-07-10	2
3	003	陈明	男	1945-05-08	否	1965-01-01	2
4	004	李华	女	1956-08-07	否	1983-07-20	3
5	005	余慧	女	1980-12-04	否	2007-10-02	3
6	006	欧阳少兵	男	1971-12-09	是	1992-07-20	3
7	007	程西	女	1980-06-10	否	2007-10-02	1
8	008	张旗	男	1980-11-10	否	2007-10-02	2
9	009	刘夫文	男	1942-01-11	否	1960-08-10	2
10	010	李飞龙	NULL	1967-04-01	NULL	NULL	4

图 4-2　任务 4.2 完成后表 worker 的查询结果

语句如下：

```
insert into worker(wid,wname,wbirthdate,depid)
values('010','李飞龙','1967-04-01','4')
```

表 worker 总共有 7 个字段，我们在执行插入操作时，只对其中的 4 个字段插入了数据，所以我们在编写插入语句时，在表名 worker 的后面必须指定要插入的字段名，然后依次将要插入的数据放在 values 的后面，对于没有指定数据的字段，在表中将以“NULL”（空值）来填充。任务 4.1 和任务 4.2 所插入的数据都是字符型和日期型的数据，在 values 的后面必须要给数据加上单引号，若所插入的数据是数值类型的，则无须加单引号。

任务 4.3 向 salary（工资）表插入一行数据，职工号为“010”，totalsalary 为“2800”。

语句如下：

```
insert into salary(wid,totalsalary)
values('010',2800)
```

执行该语句时，SQL Server 2008 提示出错：不能将值“NULL”插入列 sdate，分析表结构不难发现字段 sdate 是主码的一部分，该字段是不允许空的，所以我们在向表插入数据时要注意，对于那些不能为空的字段必须要指定数据。指定 sdate 的值为“2011-01-04”，将 insert 语句修改为如下所示：

```
insert into salary(wid,sdate,totalsalary)
values('010','2011-01-04',2800)
```

在此也同时要注意，totalsalary 作为工资总值是一个数值型字段，在插入时不需要加单引号。插入该行数据后表 depart 中的数据（最后 5 行）如图 4-3 所示。

wid	sdate	totalsalary	actualsalary
008	2011-01-04	2800.0	2400.0
008	2011-02-03	3000.0	2600.0
009	2011-01-04	4500.0	3800.0
009	2011-02-03	5000.0	4200.0
010	2011-01-04	2800.0	NULL

图 4-3　任务 4.2 完成后表 salary 的查询结果（最后 5 行）

知 识 点

insert...values 语句的一般语句格式：

insert into <表名> [（<字段名 1>，…，<字段名 n>)]

values(<常量 1>，…，<常量 n>)

功能：将 values 后面的数据插入到指定的表中。在插入时，依次将常量 1 插入到字段 1，常量 2 插入到字段 2，……，对于没有在此指定的字段名，新记录将在这些字段上取空值；若表名后没有指定字段名，则插入数据的顺序和格式必须与表的字段顺序和格式完全吻合。

在此特别要注意：若该表在定义时说明某个字段不能为空，则这些字段在插入数据时如果为空就出错。

4.1.2　insert...select 语句

使用 insert...select 语句可以将某一个表中的数据插入到另一个数据表中。不过在操作时，对于目的表中的各列数据类型必须与源表中各列数据类型保持一致，不然会出错。

任务 4.4　创建一个新表 worker_f，然后将 worker 表中所有女职工的职工号、职工名、出生日期这三个字段的信息插入到 worker_f 表中，操作完成后查询 worker_f 表的结果如图 4-4 所示。

	wid	wname	wbirthdate
1	002	孙天奇	1965-03-10
2	004	李华	1956-08-07
3	005	余慧	1980-12-04
4	007	程西	1980-06-10

图 4-4　任务 4.4 完成后表 worker_f 的查询结果

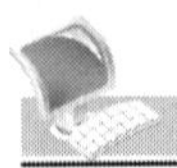

语句如下：

```
create table worker_f
(wid char(3) primary key,
wname varchar(10) not null,
wbirthdate date, )
go
insert into worker_f
select wid,wname,wbirthdate
from worker
where wsex='女'
go
```

在任务 4.4 中先用 create table 语句创建了一个新表，然后利用 insert... select 语句将 woker 表中所有女职工的信息查询出来插入到 worker_f 表中。

知识点

insert...select 语句的一般语句格式：

insert into <表名> [(<字段名 1>, …, <字段名 n>)]

子查询

功能：利用一个子查询将所需的一批数据插入到指定的表中。

4.2 修改数据

update 语句用来修改表中的数据，每个 update 语句可以修改一行或多行数据，但每次仅能对一个表进行操作，本节介绍如何更新数据库表中的数据。

任务 4.5 修改 worker 表中的数据，将姓名为“李飞龙”的职工的性别修改为“男”，该表李飞龙更新前后的数据如图 4-5 所示。

wid	wname	wsex	wbirthdate	wparty	wjobdate	depid
010	李飞龙	NULL	1967-04-01	NULL	NULL	4

wid	wname	wsex	wbirthdate	wparty	wjobdate	depid
010	李飞龙	男	1967-04-01	NULL	NULL	4

图 4-5　任务 4.5 数据更新前后的查询结果

语句如下：

```
update worker
set wsex='男'
where wname='李飞龙'
```

如果在此没有指定更新“李飞龙”的数据，则表中所有职工的性别都会被修改为“男”，所以在修改数据之前一定要注意，如果修改错了，就麻烦了。在本次修改中，条件字段和要更新的字段都在同一张表里，操作比较简单，如果条件字段和要更新的字段不是在同一张表里，则要涉及多表的连接。

任务 4.6　将 1975 年以前出生的职工 2011 年 1 月份的 totalsalary 增加 500 元，actualsalary 增加 400 元，执行修改数据语句前后的查询结果如图 4-6 所示。

	wid	sdate	totalsalary	actualsalary
1	001	2011-01-04	4200.0	3500.0
2	002	2011-01-04	2200.0	2000.0
3	003	2011-01-04	3800.0	3400.0
4	004	2011-01-04	2500.0	2100.0
5	005	2011-01-04	4500.0	3800.0
6	006	2011-01-04	2500.0	2100.0
7	007	2011-01-04	1800.0	1500.0
8	008	2011-01-04	2800.0	2400.0
9	009	2011-01-04	4500.0	3800.0
10	010	2011-01-04	2800.0	NULL

	wid	sdate	totalsalary	actualsalary
1	001	2011-01-04	4700.0	3900.0
2	002	2011-01-04	2700.0	2400.0
3	003	2011-01-04	4300.0	3800.0
4	004	2011-01-04	3000.0	2500.0
5	005	2011-01-04	4500.0	3800.0
6	006	2011-01-04	3000.0	2500.0
7	007	2011-01-04	1800.0	1500.0
8	008	2011-01-04	2800.0	2400.0
9	009	2011-01-04	5000.0	4200.0
10	010	2011-01-04	3300.0	NULL

图 4-6　任务 4.6 数据更新前后的查询结果

方法一：在 where 子句中指定内部连接的条件

语句如下：

```
update salary
set totalsalary= totalsalary+ 500,actualsalary= actualsalary+ 400
from worker,salary
where year(wbirthdate)< 1975 and year(sdate)= 2011 and month(sdate)=
1 and worker.wid= salary.wid
```

方法二：在 from 子句中指定内部连接的条件

语句如下：

```
update salary
set totalsalary= totalsalary+ 500,actualsalary= actualsalary+ 400
from worker inner join salary on worker.wid= salary.wid
where year(wbirthdate)< 1975 and year(sdate)= 2011 and month(sdate)= 1
```

方法三：利用子查询来完成

语句如下：

```
update salary
set totalsalary= totalsalary+ 500,actualsalary= actualsalary+ 400
where year(sdate)= 2011 and month(sdate)= 1 and wid in
(select wid from worker where year(wbirthdate)< 1975)
```

任务4.6所要更新的数据在salary表中，而所涉及的条件除了2011年1月份工资这一条件在salary表中，另一个条件1975年以前出生在worker表中，所以这就要涉及两个表的连接，根据前面在查询中涉及多表查询所使用的方法，我们可以将此更新语句用三种不同的方法来实现。

更新完成前后的结果如图4-6所示，分析结果和worker表不难发现，所有没有被更新的数据，都是worker表中出生年份在1975年以后的职工，所以符合更新的要求。

知识点

更新语句的一般语句格式：

update <表名>

set <字段名1>=<表达式1> [,<字段名2>=<表达式2>,…] [from <表名1> [,<表名2>,…]]

[where<条件>]

功能：对指定表中满足where条件的记录，依据set子句所指定的修改方法，用表达式的值来取代相应的字段值。

4.3 删除数据

数据库创建成功后，随着时间的变长，可能会出现一些无用的数据。这些无用的数据不仅会占用空间，还会影响修改和查询的速度，所以应该及时删除它们。本节主要介绍如何删除数据库中的数据。

任务4.7 删除李飞龙的信息。

语句如下：

```
delete from worker
where wname= '李飞龙'
```

执行该SQL语句后，李飞龙在worker表中的信息就被删掉了，若在执行删除语句时没有指定where条件，则会将相关表中所有的信息全部删除，所以在执行删除操

作时一定要小心谨慎，以防删错。执行删除语句后 worker 表中的数据如图 4-7 所示，李飞龙的数据已不见了。

	wid	wname	wsex	wbirthdate	wparty	wjobdate	depid
1	001	孙华	男	1952-01-03	是	1970-10-10	1
2	002	孙天奇	女	1965-03-10	是	1987-07-10	2
3	003	陈明	男	1945-05-08	否	1965-01-01	2
4	004	李华	女	1956-08-07	否	1983-07-20	3
5	005	余慧	女	1980-12-04	否	2007-10-02	3
6	006	欧阳少兵	男	1971-12-09	是	1992-07-20	3
7	007	程西	女	1980-06-10	否	2007-10-02	1
8	008	张旗	男	1980-11-10	否	2007-10-02	2
9	009	刘夫文	男	1942-01-11	否	1960-08-10	2

图 4-7　任务 4.7 中数据删除后的查询结果

任务 4.8　删除余慧的工资信息。

方法一：在 where 子句中指定内部连接的条件

语句如下：

```
delete from salary
from worker,salary
where worker.wid= salary.wid and wname= '余慧'
```

方法二：在 from 子句中指定内部连接的条件

语句如下：

```
delete from salary
from worker inner join salary on worker.wid= salary.wid
where wname= '余慧'
```

方法三：利用子查询来完成

语句如下：

```
delete from salary
where wid in (select wid from worker where wname= '余慧')
```

任务 4.8　要求删除职工余慧在 salary 表中的工资信息，因为删除的记录和涉及的条件分别在两张表中，涉及多表的连接查询，所以也同样可以用三种方式来实现。余慧的职工号为 005，执行任务 4.8 后查询职工号为 005 的工资信息后的结果如图 4-8 所示，发现职工号为 005 的职工相关工资信息已经不存在了。

	wid	sdate	totalsalary	actualsalary

图 4-8　任务 4.8 中数据删除后的查询结果

知 识 点

删除语句的一般语句格式：

delete from ＜表名＞

[from ＜表名 1＞ [，＜表名 2＞，…]]

[where＜条件＞]

功能：删除指定表中满足 where 条件的记录。

4.4　本章实训：更新医疗垃圾处理数据库

本次实训环境

在前两章的实训中我们完成了对医疗垃圾处理数据库的创建和查询，在本章的实训中我们主要是根据给定的条件完成对医疗垃圾处理数据库的更新，包括插入数据、更新数据和删除数据。

本次实训操作要求

1. 向 contracts（合同录入）表中插入一行数据“（‘9005’，‘2012-08-01’，‘2014-08-01’，‘1003’，250)”，插入该行数据后查询 contracts 表中的数据如图 4-9 所示。

	billno	signdate	enddate	me_no	amount
1	9001	2010-01-05	2012-01-05	1001	200.00
2	9002	2012-06-01	2014-06-01	1002	240.00
3	9003	2011-05-12	2013-05-12	1007	220.00
4	9004	2011-06-12	2013-06-12	1008	220.00
5	9005	2012-08-01	2014-08-01	1003	250.00

图 4-9　实训任务 1 执行后的查询结果

2. 向 me_info（医疗机构基本信息）表插入一行数据，医疗机构代码为“1009”，医疗机构名称为“日月星城社区医院”，地址为“宁波市区”，执行插入语句后查询医疗机构基本信息表的结果如图 4-10 所示。

	me_no	name	phone	address	contact	grade	bank	account
1	1001	宁波医院	88881111	宁波市区	周东	三级	中国银行	45635162
2	1002	北仑医院	88881112	北仑区	王一清	二级	中国银行	45635163
3	1003	象山医院	88881113	象山县	李一建	二级	中国银行	45635164
4	1004	奉化医院	88881114	奉化市	周小航	二级	中国银行	45635165
5	1005	溪口医院	88881115	溪口镇	王斌	一级	中国银行	45635166
6	1006	东柳社区医院	88881116	东柳街道	林帅	一级	工商银行	95588139
7	1007	开发区医院	88881117	开发区	蒋东	一级	工商银行	95588140
8	1008	中医院	88881118	宁波市区	毛建光	三级	工商银行	95588141
9	1009	日月星城社...	NULL	宁波市区	NULL	NU...	NULL	NULL

图 4-10　实训任务 2 执行后的查询结果

3. 创建一个新表 me_info_1，然后将 medical 表中所有地址在宁波市区的医疗机构代码、医疗机构姓名、电话、联系人这几个字段的信息插入到新表中，执行插入语句后 me_info_1 表中的数据如图 4-11 所示。

	me_no	name	phone	contact
1	1001	宁波医院	88881111	周东
2	1008	中医院	88881118	毛建光
3	1009	日月星城社区医院	NULL	NULL

图 4-11　实训任务 3 执行后的对新表的查询结果

4. 将溪口医院的联系人修改成陈一，执行修改语句后查询 me_info 表中的数据如图 4-12 所示。

	me_no	name	phone	address	contact	grade	bank	account
1	1001	宁波医院	88881111	宁波市区	周东	三级	中国银行	45635162
2	1002	北仑医院	88881112	北仑区	王一清	二级	中国银行	45635163
3	1003	象山医院	88881113	象山县	李一建	二级	中国银行	45635164
4	1004	奉化医院	88881114	奉化市	周小航	二级	中国银行	45635165
5	1005	溪口医院	88881115	溪口镇	陈一	一级	中国银行	45635166
6	1006	东柳社区医院	88881116	东柳街道	林帅	一级	工商银行	95588139
7	1007	开发区医院	88881117	开发区	蒋东	一级	工商银行	95588140
8	1008	中医院	88881118	宁波市区	毛建光	三级	工商银行	95588141
9	1009	日月星城社区医院	NULL	宁波市区	NULL	NULL	NULL	NULL

图 4-12　实训任务 4 执行后的查询结果

5. 将地址不在宁波市区的医疗机构的每箱垃圾处理价格上浮 10%，分别用传统连接方式（方法一）、inner join 连接方式（方法二）和子查询（方法三）三种方式来完成，在依次执行这三条修改语句后合同录入表中的数据依次如图 4-13、图 4-14、图 4-15 所示。

	billno	signdate	enddate	me_no	amount
1	9001	2010-01-05	2012-01-05	1001	200.00
2	9002	2012-06-01	2014-06-01	1002	264.00
3	9003	2011-05-12	2013-05-12	1007	242.00
4	9004	2011-06-12	2013-06-12	1008	220.00
5	9005	2012-08-01	2014-08-01	1003	275.00

图 4-13　实训任务 5 执行修改语句方法一后的查询结果

	billno	signdate	enddate	me_no	amount
1	9001	2010-01-05	2012-01-05	1001	200.00
2	9002	2012-06-01	2014-06-01	1002	290.40
3	9003	2011-05-12	2013-05-12	1007	266.20
4	9004	2011-06-12	2013-06-12	1008	220.00
5	9005	2012-08-01	2014-08-01	1003	302.50

图 4-14　实训任务 5 执行修改语句方法二后的查询结果

	billno	signdate	enddate	me_no	amount
1	9001	2010-01-05	2012-01-05	1001	200.00
2	9002	2012-06-01	2014-06-01	1002	319.44
3	9003	2011-05-12	2013-05-12	1007	292.82
4	9004	2011-06-12	2013-06-12	1008	220.00
5	9005	2012-08-01	2014-08-01	1003	332.75

图 4-15　实训任务 5 执行修改语句方法三后的查询结果

6. 删除在北仑的医疗机构的相关信息，删除后查询 me_info 表的查询结果如图 4-16 所示，发现地址在北仑的医院不见了。

	me_no	name	phone	address	contact	grade	bank	account
1	1001	宁波医院	88881111	宁波市区	周东	三级	中国银行	45635162
2	1003	象山医院	88881113	象山县	李一建	二级	中国银行	45635164
3	1004	奉化医院	88881114	奉化市	周小航	二级	中国银行	45635165
4	1005	溪口医院	88881115	溪口镇	陈一	一级	中国银行	45635166
5	1006	东柳社区医院	88881116	东柳街道	林帅	一级	工商银行	95588139
6	1007	开发区医院	88881117	开发区	蒋东	一级	工商银行	95588140
7	1008	中医院	88881118	宁波市区	毛建光	三级	工商银行	95588141
8	1009	日月星城社区医院	NULL	宁波市区	NULL	NULL	NULL	NULL

图 4-16　实训任务 6 执行后的查询结果

7. 删除在宁波市区的相关合同的信息，分别用传统连接方式（方法一）、inner join 连接方式（方法二）和子查询（方法三）三种方式来完成，执行删除语句后查询 contracts 的结果如图 4-17 所示。由于在第一次执行删除语句时在宁波市区的相关合同已删除，所以利用方法二和方法三再删除相关数据时，会显示所影响的行数为 0，若要测试语句是否正确，则需要再添加关于宁波市区的相关信息。

	billno	signdate	enddate	me_no	amount
1	9002	2012-06-01	2014-06-01	1002	240.00
2	9003	2011-05-12	2013-05-12	1007	220.00

图 4-17　实训任务 7 执行后的查询结果

4.5　本 章 习 题

一、思考题

1. 在对表执行插入操作时有哪两种语句的格式？
2. 在对表执行插入操作时若不是所有的字段都要插入新的数据，该如何操作？
3. 对表执行插入操作时若表有非空的字段，可以对这个字段省略数据吗？
4. 对表中的数据执行修改操作时的语句格式是怎样的？
5. 若对表进行修改时，限制的条件在另一个表里，该如何操作？
6. 对表中的数据执行删除操作时的语句格式是怎样的？

二、应用题

设学生课程数据库 stu 包括三个表（如下所示），具体的表结构和表数据请查看附录 C。

```
student(sno,sname,ssex,sbirth,sdept)
course(cno,cname,ccred)
stu_course(sno,cno,grade)
```

写出完成如下功能的 SQL 语句：

1. 将一个新学生记录“（学号：95020；姓名：陈冬；性别：男；所在系：英语；出生日期：1996-03-02）”插入到 student 表中。

2. 插入一条选课记录“（‘95020’，‘1’）”。

3. 在数据库中建立一个有两属性列的新表，其中一列存放系名，另一列存放相应系的平均年龄。

4. 对数据库的 student 表按系分组求平均年龄，再把系名和平均年龄存入新表中。

5. 将学号为“95001”的学生的出生日期修改为 1997-09-01。

6. 将计算机系全体学生的成绩置 0，分别用三种不同的方式来完成。

7. 删除第 3 题新建表中的所有信息。

8. 删除学号为“95020”的学生记录。

9. 删除计算机系所有学生的选课记录，分别用三种不同的方式来完成。

第5章　为职工信息数据库创建视图

视图是一种特殊类型的表，它是从一个或几个基本表或视图中导出的表。视图是虚表，也就是说视图不是普通的表，因为视图只存储了它的定义（select 语句），而没有存储视图对应的数据，这些数据仍存放在原来的数据表中，视图的数据与基本表数据同步。另一方面，视图又可以作为一般的表来使用，可以像基本表一样进行数据操作，包括查询、修改、删除和更新数据。

本章项目名称： 为职工信息数据库创建视图

项目具体要求： 根据任务的需求为职工信息数据库创建视图，并且对创建好的视图中的数据进行查询、修改、删除和更新操作。

5.1　创建视图

在这一节中，我们将介绍如何在 SQL Server 2008 中为数据库下的表创建视图，创建视图主要有利用鼠标方式创建和利用 SQL 语句创建，下面分别作介绍。

5.1.1　利用鼠标方式创建视图

任务 5.1　为职工信息数据库创建一个视图 factoryview1，在视图中包括职工号、职工姓名、职工所在的部门号和部门名。

【步骤 1】在 SQL Server Management Studio 中，展开 factory 数据库，在“视图”上右击，在弹出的快捷菜单中选择“新建视图”，如图 5-1 所示。

图 5-1　利用鼠标新建视图方式

【步骤 2】在弹出的“添加表”对话框中，将 worker 表和 depart 表添加进来，如图 5-2 所示。

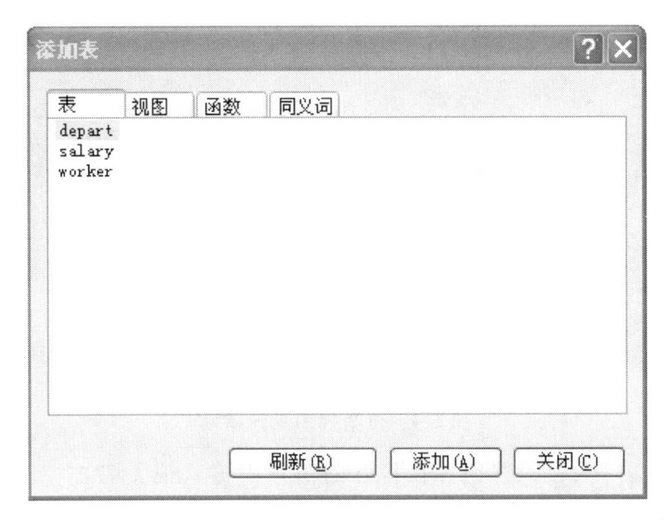

图 5-2　“添加表”对话框

【步骤 3】在“视图”选项卡的“关系图”窗格中，选择视图中要包括的字段：职工号、职工姓名、职工所在的部门号和部门名，如图 5-3 所示。在这里我们可以看到，当用鼠标选择相关的字段时，在关系图下方会有相应的 SQL 语句出现，这是我们前面学过的涉及两个表的连接查询，这里的 dbo 代表数据库的所有者，用户在利用 SQL 语句查询时可以不用指定。

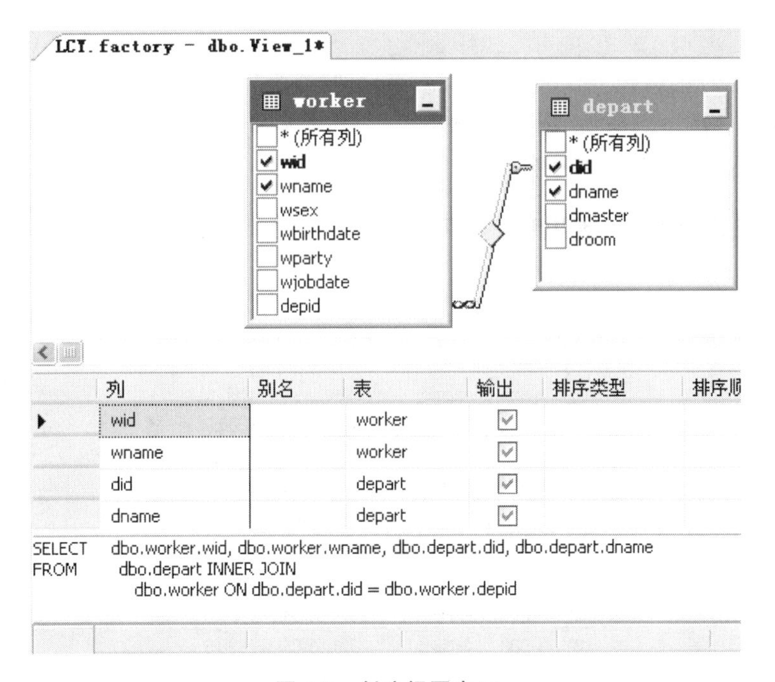

图 5-3　创建视图窗口

【步骤 4】单击“执行 SQL”按钮，在“显示结果”窗格中显示查询出的结果集，如图 5-4 所示。

	wid	wname	did	dname
▶	001	孙华	1	财务处
	002	孙天奇	2	人事处
	003	陈明	2	人事处
	004	李华	3	市场部
	005	余慧	3	市场部
	006	欧阳少兵	3	市场部
	007	程西	1	财务处
	008	张旗	2	人事处
	009	刘夫文	2	人事处

图 5-4　查看视图查询结果

【步骤 5】单击“保存”按钮，在打开的窗口中输入视图名称“factoryview1”，单击“确定”按钮，视图就创建完成了。

5.1.2　利用 SQL 语句创建视图

任务 5.2　为职工信息数据库创建一个视图 factoryview2，在视图中包括职工的职工号、职工姓名、发工资日期和职工所对应的 2011-01-04 这个日期的 totalsalary。

语句如下：

```
create view factoryview2
as
select worker.wid,wname,sdate,totalsalary
from worker inner join salary on worker.wid= salary.wid
where sdate= '2011-01-04'
```

执行完成此语句后，利用查询语句查询视图，得到如图 5-5 所示的视图查询结果，查询语句为：

```
select * from factoryview2
```

	wid	wname	sdate	totalsalary
1	001	孙华	2011-01-04	4200.0
2	002	孙天奇	2011-01-04	2200.0
3	003	陈明	2011-01-04	3800.0
4	004	李华	2011-01-04	2500.0
5	005	余慧	2011-01-04	4500.0
6	006	欧阳少兵	2011-01-04	2500.0
7	007	程西	2011-01-04	1800.0
8	008	张旗	2011-01-04	2800.0
9	009	刘夫文	2011-01-04	4500.0

图 5-5　视图 factoryview2 的查询结果

任务 5.3　为职工信息数据库创建一个视图 factoryview3，在视图中包括各部门职

工对应日期为“2011-01-04”的平均工资。

语句如下：

```
create view factoryview3
as
select depid,avg(totalsalary) as avgtotalsalary
from worker inner join salary on worker.wid= salary.wid
where sdate= '2011-01-04'
group by depid
```

执行完成此语句后，利用查询语句查询视图，得到如图5-6所示的视图查询结果。

	depid	avgtotalsalary
1	1	3000.000000
2	2	3325.000000
3	3	3166.666666

图5-6　视图 factoryview3 的查询结果

任务5.4　为职工信息数据库创建一个视图 factoryview4，查询所有职工的职工号、姓名、部门名和“2011-02-03”工资，并按部门名顺序排列。

语句如下：

```
create view factoryview4
as select top 15 worker.wid,wname,dname,totalsalary as '2011年2月3日工资'
from worker,depart,salary
where worker.depid= depart.did and worker.wid= salary.wid and sdate=
'2011-02-03'
order by dname desc
```

在此要注意，在创建视图时采用排序会出错，除非包含 top，在此采用 top 就可以在创建视图时进行排序，top 15 表示取前15条记录，利用查询语句查询视图，得到如图5-7所示的视图查询结果。

	wid	wname	dname	2011年2月3日工资
1	006	欧阳少兵	市场部	2500.0
2	005	余慧	市场部	4600.0
3	004	李华	市场部	2500.0
4	003	陈明	人事处	3700.0
5	002	孙天奇	人事处	1900.0
6	009	刘夫文	人事处	5000.0
7	008	张旗	人事处	3000.0
8	007	程西	财务处	1800.0
9	001	孙华	财务处	4000.0

图5-7　视图 factoryview4 的查询结果

知识点

创建视图的一般语句格式：

create view <视图名>［(<字段名1>［,<字段名2>］…)］

as

<子查询>

功能：建立一个视图，其数据为子查询中查询的结果。在建立视图时可以指定视图的列名，若默认列名，则视图的列名与子查询中所选择的列名相同。

5.2 管理视图中的数据

5.2.1 修改视图中的数据

任务5.5 利用鼠标操作的方式来查看视图 factoryview2 和基本表 salary 之间的数据对应关系。

【步骤1】利用鼠标操作的方式打开 salary 基本表，打开后的数据的如图5-8所示。

wid	sdate	totalsalary	actualsalary
001	2011-01-04	4200.0	3500.0
001	2011-02-03	4000.0	3200.0
002	2011-01-04	2200.0	2000.0
002	2011-02-03	1900.0	1700.0
003	2011-01-04	3800.0	3400.0
003	2011-02-03	3700.0	3200.0
004	2011-01-04	2500.0	2100.0
004	2011-02-03	2500.0	2100.0
005	2011-01-04	4500.0	3800.0
005	2011-02-03	4600.0	3900.0
006	2011-01-04	2500.0	2100.0
006	2011-02-03	2500.0	2100.0
007	2011-01-04	1800.0	1500.0
007	2011-02-03	1800.0	1600.0
008	2011-01-04	2800.0	2400.0
008	2011-02-03	3000.0	2600.0
009	2011-01-04	4500.0	3800.0
009	2011-02-03	5000.0	4200.0

图5-8 基本表 salary 中的数据

【步骤 2】利用鼠标操作的方式打开视图 factoryview2，打开后的数据如图 5-9 所示。

	wid	wname	sdate	totalsalary
▶	001	孙华	2011-01-04	4200.0
	002	孙天奇	2011-01-04	2200.0
	003	陈明	2011-01-04	3800.0
	004	李华	2011-01-04	2500.0
	005	余慧	2011-01-04	4500.0
	006	欧阳少兵	2011-01-04	2500.0
	007	程西	2011-01-04	1800.0
	008	张旗	2011-01-04	2800.0
	009	刘夫文	2011-01-04	4500.0

图 5-9 视图 factoryview2 中的数据

【步骤 3】将基本表 salary 中职工号为 001 的职工的 2011-01-04 的 totalsalary 由 4200 改为 4500，重新打开视图 factoryview2，可以发现视图中 001 号职工的 2011-01-04 的 totalsalary 这个字段的数据也变成了 4500，如图 5-10 所示。

.factory - dbo.salary

wid	sdate	totalsalary	actualsalary
001	2011-01-04	4500.0	3500.0
001	2011-02-03	4000.0	3200.0

(a) 基本表 salary 中的数据

LCT.factory...actoryview2

	wid	wname	sdate	totalsalary
▶	001	孙华	2011-01-04	4500.0

(b) 视图 factoryview2 中的数据

图 5-10 基本表和视图中数据的对比

【步骤 4】将视图 factoryview2 中的 totalsalary 数据再由 4500 改回 4200，打开基本表 salary 会发现 001 号职工 2011-01-04 这个日期的 totalsalary 数据又改回 4200 了。

从任务 5.4 我们不难看出，视图 factoryview2 本身是没有数据的，它的数据是从基本表 salary 和 worker 中导出的。若对基本表的数据进行了修改，则对应的视图的数据也会发生变化，若对视图中的数据进行了修改，则对应的基本表的数据同样会发生变化。

任务 5.6 利用 SQL 语句的方式来查看视图 factoryview3 和基本表 salary 之间的数据对应关系。

【步骤 1】利用 SQL 语句来查询基本表 salary，语句为

```
select * from salary
```

查询的结果数据如图 5-8 所示。

【步骤 2】利用 SQL 语句来查询视图 factoryview3，语句为

```
select * from factoryview3
```

查询的结果如图 5-11 所示。

	depid	avgtotalsalary
1	1	3000.000000
2	2	3325.000000
3	3	3166.666666

图 5-11　视图 factoryview3 中的数据

【步骤 3】利用 update 更新语句将 salary 表中 001 号职工 2011-01-04 这个日期的 totalsalary 数据修改为 4500。

语句如下：

```
update salary
set totalsalary= 4500
where wid= '001' and sdate= '2011-01-04'
```

执行完此语句后，查询视图 factoryview3 中的数据，如图 5-12 所示。

	depid	avgtotalsalary
1	1	3150.000000
2	2	3325.000000
3	3	3166.666666

图 5-12　更新 salary 表后视图 factoryview3 中的数据

从图 5-10 和图 5-11 的变化中，我们可以发现视图 factoryview3 中的平均工资由于基本表 salary 中的数据发生变化而变化了。我们修改了基本表 salary 中 001 号职工的工资，001 号职工是属于部门 1 的，部门 1 总共有 2 名职工，将 001 号职工的工资从 4200 修改为 4500，平均到每个人上，相当于增加了 150。所以我们可以发现在图 5-11 中 1 号部门的平均工资增加了 150 元。

【步骤 4】修改视图 factoryview3 中部门 1 的平均工资。

语句如下：

```
update factoryview3
set avgtotalsalary= 3500
where depid= '1'
```

执行此语句时，系统会提示出错，如图 5-13 所示。

消息

消息 4406，级别 16，状态 1，第 1 行
对视图或函数 'factoryview3' 的更新或插入失败，因其包含派生域或常量域。

图 5-13　修改视图 factoryview3 时的出错信息

在更新视图 factoryview3 时，我们发现此视图是不能更新的，这是因为这个视图中的 avgtotalsalary 字段的值是对 salary 表中的数据按部门号分组得来的，对于这种分组而获得的视图里的数据，是无法更新的。

在实际操作过程中，视图的某些字段如果是通过分组或计算得来的，那么该视图是不可更新的。

5.2.2　插入视图中的数据

任务 5.7　创建一个视图 factoryview5，包括 depart 表中的部门号、部门名、部门经理，往该视图中插入一行数据"（'5'，'宣传部'，'008'）"。

语句如下：

```
create view factoryview5
as
select did,dname,dmaster
from depart
go
insert into factoryview5
values('5','宣传部','008')
```

任务 5.6 中分两个批处理语句执行，首先是创建一个视图 factoryview5，然后再往刚刚创建完的视图中添加一条数据。往视图中添加数据的 SQL 语句格式与往基本表中添加数据的 SQL 语句格式一样。在添加数据之前，视图与基本表一样，共有 4 行数据，只不过视图比基本表少一个字段的内容。添加数据之前视图的内容如图 5-14 所示，添加数据之后基本表 depart 的内容如图 5-15 所示。在此我们可以看到，虽然是往视图 factoryview5 中插入了一条数据，但实际上数据是插入到了基本表 depart 中。

LCY.factory...actoryview5

did	dname	dmaster
1	财务处	003
2	人事处	005
3	市场部	009
4	开发部	001

图 5-14　在执行插入语句之前视图 factoryview5 的数据

LCY.factory - dbo.depart

did	dname	dmaster	droom
1	财务处	003	2201
2	人事处	005	2209
3	市场部	009	3201
4	开发部	001	3206
5	宣传部	008	NULL

图 5-15　在执行插入语句之后基本表 depart 的数据

在执行插入语句后我们打开 depart 表发现多了部门号为 5 的一条记录，并且该条记录的房间号数据为 NULL，这是因为在视图中没有这一个字段，所以在插入数据时没有这一字段的数据，反映到基本表中就是 NULL 了。

在使用 insert 语句向视图插入数据时特别要注意的是若一个视图的创建依赖于多个基本表，则无法向视图插入数据。

任务 5.8 向视图 factoryview2 中插入一行数据“（‘011’，‘李达’，‘2011-04-03’，4500)”，看可以成功插入吗？

语句如下：

```
insert into factoryview2
values('011','李达','2011-04-03',4500)
```

执行以上 SQL 语句后，系统会提示出错，错误信息如图 5-16 所示，从这里我们可以看到基于多表而创建的视图中的数据是不可插入的。当然若视图中的数据是由基本表计算或分组而来的，那么这个视图即便是基于单个表的，也将是无法插入数据的。

消息
消息 4405，级别 16，状态 1，第 1 行
视图或函数 'factoryview2' 不可更新，因为修改会影响多个基表。

图 5-16 执行插入数据时的错误信息

5.2.3 删除视图中的数据

任务 5.9 删除视图 factoryview5 中部门号为 5 的部门记录。

语句如下：

```
delete from factoryview5
where did='5'
```

当执行此删除语句后，视图 factoryview5 中部门号为 5 的记录被删除，同时该视图所对应的基本表 depart 中的相关记录也被删除，基本表 depart 该条记录被删除后的数据如图 5-17 所示，删除前的数据如图 5-15 所示。

did	dname	dmaster	droom
1	财务处	003	2201
2	人事处	005	2209
3	市场部	009	3201
4	开发部	001	3206

图 5-17 在执行删除语句之后基本表 depart 的数据

任务 5.10 删除视图 factoryview2 中职工号为 001 的职工记录。

语句如下：

```
delete from factoryview2
where wid='001'
```

在执行此删除语句时，系统会提示出错，错误信息如图 5-18 所示，从这里我们可以看到基于多表而创建的视图中的数据是不可删除的。同样，若视图中的数据是由基本表计算或分组而来的，那么这个视图即便是基于单个表的，也将是无法删除的。

```
消息
消息 4405，级别 16，状态 1，第 1 行
视图或函数 'factoryview2' 不可更新，因为修改会影响多个基表。
```

图 5-18 执行删除数据时的错误信息

5.3 删除视图

最后我们来介绍一下如何对视图执行删除操作。

任务 5.11 删除视图 factoryview5。

语句如下：

```
drop view factoryview5
```

删除视图的语句格式非常简单，只要将删除表命令中的 table 改成 view 就可以了。

任务 5.12 在创建 factoryview4 时若该视图存在，则先删除它。然后创建该视图，最后查询该视图。以上语句分三批执行。

语句如下：

```
if objectid ('factoryview4','v') is not null
drop view factoryview4;
go
create view factoryview4
as select top 15 worker.wid,wname,dname,totalsalary as '2011 年 2 月 3 日
工资'
from worker inner join depart on worker.depid= depart.did inner join
salary on worker.wid= salary.wid
where sdate= '2011-02-03'
order by '2011 年 2 月 3 日工资' desc
go
select *  from factoryview4
go
```

我们在创建一个视图时，经常利用一个 if 语句来判断这个视图是否存在，若存在，则先删除，在任务 5.12 的批处理语句的第一条语句就是用来判断视图 factoryview4 是否存在的，若存在则删除；第二批是创建视图的语句，我们在前面介绍过；最后是查询视图的结果，最终结果如图 5-19 所示。

	wid	wname	dname	2011年2月3日工资
1	009	刘夫文	人事处	5000.0
2	005	余慧	市场部	4600.0
3	001	孙华	财务处	4000.0
4	003	陈明	人事处	3700.0
5	008	张旗	人事处	3000.0
6	006	欧阳少兵	市场部	2500.0
7	004	李华	市场部	2500.0
8	002	孙天奇	人事处	1900.0
9	007	程西	财务处	1800.0

图 5-19　任务 5.12 执行完后的最终结果

知 识 点

删除视图的一般语句格式：

drop view ＜视图名＞

功能：删除指定的视图。

5.4　本章实训：为医疗垃圾处理数据库创建视图

本次实训环境

在前三章的实训中我们完成了对医疗垃圾处理数据库的创建、查询和更新，在本章的实训中我们主要是根据需要来为医疗垃圾处理数据库创建视图，然后对视图中的数据进行查询、更新、删除操作，最后来练习对视图的删除操作。

本次实训操作要求

1. 利用鼠标操作的方式为医疗垃圾处理数据库创建一个视图 medical_view1，在视图中包括医疗机构代码、医疗机构名称、联系电话、合同号、签合同的日期、每箱金额。创建完成后查询该视图的数据，如图 5-20 所示。

	me_no	name	phone	billno	signdate	amount
1	1001	宁波医院	88881111	9001	2010-01-05	200.00
2	1002	北仑医院	88881112	9002	2012-06-01	240.00
3	1007	开发区医院	88881117	9003	2011-05-12	220.00
4	1008	中医院	88881118	9004	2011-06-12	220.00

图 5-20　视图 medical_view1 的查询结果

2. 利用 SQL 语句为医疗垃圾处理数据库创建一个视图 medical_view2，在视图中包括医疗机构代码、医疗机构名称、合同号、签合同的日期、付款日期、付款金额。创建完成后查询该视图的数据，如图 5-21 所示。

	me_no	name	billno	signdate	paydate	amount
1	1001	宁波医院	9001	2010-01-05	2010-07-25	15000.00
2	1002	北仑医院	9002	2012-06-01	2012-09-24	7000.00
3	1002	北仑医院	9002	2012-06-01	2012-12-25	3000.00
4	1007	开发区医院	9003	2011-05-12	2012-06-05	8000.00
5	1008	中医院	9004	2011-06-12	2011-09-04	5000.00
6	1008	中医院	9004	2011-06-12	2012-04-02	2000.00

图 5-21 视图 medical_view2 的查询结果

3. 利用 SQL 语句为医疗垃圾处理数据库创建一个视图 medical_view3，在视图中包括各个合同已付款的总额，要求显示合同编号、医疗机构名称、已付款总额。创建完成后查询该视图的数据，如图 5-22 所示。

	合同编号	医疗机构名称	已付款总额
1	9001	宁波医院	15000.00
2	9002	北仑医院	10000.00
3	9003	开发区医院	8000.00
4	9004	中医院	7000.00

图 5-22 视图 medical_view3 的查询结果

4. 利用 SQL 语句为医疗垃圾处理数据库创建一个视图 medical_view4，查询医疗机构代码、医疗机构名称、床位总数，并且按床位总数从高到低排序，创建完成后查询该视图的数据，如图 5-23 所示。

	me_no	name	totalbeds
1	1001	宁波医院	600
2	1002	北仑医院	380
3	1008	中医院	340
4	1007	开发区医院	270

图 5-23 视图 medical_view4 的查询结果

5. 利用 SQL 语句更新 me_info 表中的数据，将北仑医院修改为北仑中心医院，然后查看前面创建的四个视图中的数据有没有发生相应的变化。执行更新语句后，查询 medical_view1、medical_view2、medical_view3、medical_view4 四个视图的数据如图 5-24 所示。

	me_no	name	signdate	amount
1	1001	宁波医院	2010-01-05	200.00
2	1002	北仑中心医院	2012-06-01	240.00
3	1007	开发区医院	2011-05-12	220.00
4	1008	中医院	2011-06-12	220.00

图 5-24 视图 medical_view1-4 的查询结果

	me_no	name	billno	signdate	paydate	amount
1	1001	宁波医院	9001	2010-01-05	2010-07-25	15000.00
2	1002	北仑中心医院	9002	2012-06-01	2012-09-24	7000.00
3	1002	北仑中心医院	9002	2012-06-01	2012-12-25	3000.00
4	1007	开发区医院	9003	2011-05-12	2012-06-05	8000.00
5	1008	中医院	9004	2011-06-12	2011-09-04	5000.00
6	1008	中医院	9004	2011-06-12	2012-04-02	2000.00

	合同编号	医疗机构名称	已付款总额
1	9001	宁波医院	15000.00
2	9002	北仑中心医院	10000.00
3	9003	开发区医院	8000.00
4	9004	中医院	7000.00

	me_no	name	totalbeds
1	1001	宁波医院	600
2	1002	北仑中心医院	380
3	1008	中医院	340
4	1007	开发区医院	270

图 5-24　视图 medical_view1-4 的查询结果（续）

6. 利用 SQL 语句更新 medical_view4 中的床位总数，将每条记录的床位总数(totalbeds)增加 30 个，看可以吗？查询结果如图 5-25 所示。为什么？

消息

消息 4406，级别 16，状态 1，第 1 行
对视图或函数 'medical_view4' 的更新或插入失败，因其包含派生域或常量域。

图 5-25　更新 medical_view4 中数据的出错提示

7. 利用 SQL 语句创建一个视图 medical_view5，包括合同编号、签订日期、结束日期、医疗机构代码、每箱金额，然后往该视图中插入一行数据“(‘9006’，‘2012-02-03’，‘2014-02-03’，‘1004’，300)”。执行创建语句和插入语句后分别查询 medical_view5 视图和 contracts 表中的数据，如图 5-26 所示。

	billno	signdate	enddate	me_no	amount
1	9001	2010-01-05	2012-01-05	1001	200.00
2	9002	2012-06-01	2014-06-01	1002	240.00
3	9003	2011-05-12	2013-05-12	1007	220.00
4	9004	2011-06-12	2013-06-12	1008	220.00
5	9006	2012-02-03	2014-02-03	1004	300.00

	billno	signdate	enddate	me_no	amount
1	9001	2010-01-05	2012-01-05	1001	200.00
2	9002	2012-06-01	2014-06-01	1002	240.00
3	9003	2011-05-12	2013-05-12	1007	220.00
4	9004	2011-06-12	2013-06-12	1008	220.00
5	9006	2012-02-03	2014-02-03	1004	300.00

图 5-26　medical_view5 视图和 contracts 表中的数据

8. 利用SQL语句删除视图medical_view5中合同编号为“9006”的记录，删除后查询contracts表中的数据，如图5-27所示。

	billno	signdate	enddate	me_no	amount
1	9001	2010-01-05	2012-01-05	1001	200.00
2	9002	2012-06-01	2014-06-01	1002	240.00
3	9003	2011-05-12	2013-05-12	1007	220.00
4	9004	2011-06-12	2013-06-12	1008	220.00

图5-27　contracts表中的数据

9. 利用SQL语句删除视图medical_view1中名称为开发区医院的记录，执行此语句后的出错提示如图5-28所示。

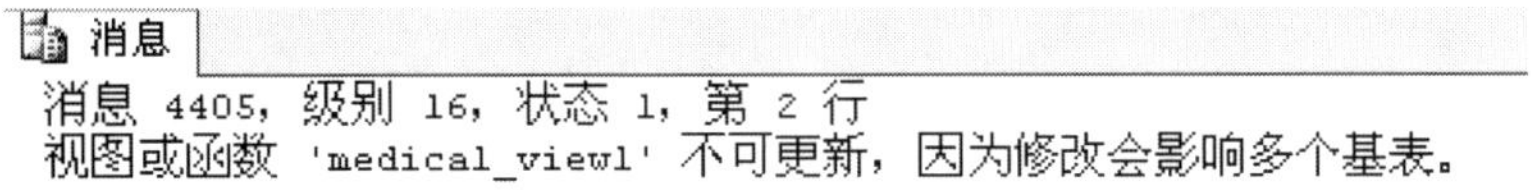

消息

消息 4405，级别 16，状态 1，第 2 行
视图或函数 'medical_view1' 不可更新，因为修改会影响多个基表。

图5-28　执行语句后的出错提示

10. 利用SQL语句删除视图medical_view5，删除后展开medical数据库下的视图列表，如图5-29所示。

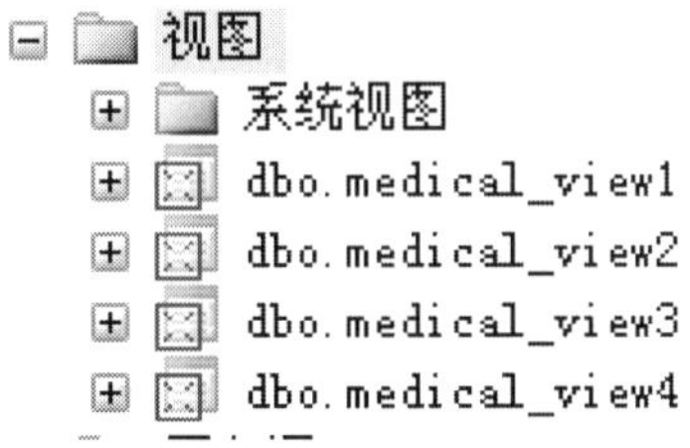

视图
系统视图
dbo.medical_view1
dbo.medical_view2
dbo.medical_view3
dbo.medical_view4

图5-29　执行删除语句后的视图列表

11. 在创建medical_view4时若该视图存在，则先删除它，然后创建该视图，最后查询该视图。以上语句分三批执行，执行语句后的结果如图5-30所示。

	me_no	name	totalbeds
1	1001	宁波医院	600
2	1002	北仑中心医院	380
3	1008	中医院	340
4	1007	开发区医院	270

图5-30　执行实训任务11后的结果

5.5　本章习题

一、思考题

1. 什么是视图？它的作用是什么？

2. 利用SQL语句创建视图的一般语句格式是什么？

3. 将利用鼠标方式创建完成的视图所对应的SQL语句导出，该如何操作？

4. 对视图的查询与对基本表的查询有何区别？

5. 对视图的更新与对基本表的更新有何区别？是不是所有的视图都可以更新？还是有什么限制条件？

6. 往视图中插入数据是不是一定可以执行？还是有什么限制条件？

7. 删除视图中的数据有什么条件限制吗？

8. 删除视图语句的语句格式是怎样的？

二、应用题

设学生课程数据库stu包括三个表（如下所示），具体的表结构和表数据请查看附录C。

```
student(sno,sname,ssex,sbirth,sdept)
course(cno,cname,ccred)
stu_course(sno,cno,grade)
```

按照要求完成以下的操作：

1. 在SQL Server 2008中利用鼠标操作的方式创建一个视图scview1，视图数据如图5-31所示，注意观察鼠标操作时相对应的SQL语句，创建完成后导出创建视图的SQL语句，利用语句创建scview2。

sno	sname	cname	grade
95001	李勇	数据库	92
95001	李勇	数学	85
95001	李勇	信息系统	88
95002	刘晨	数学	90
95002	刘晨	信息系统	80
95003	王名	数据库	75
95003	王名	操作系统	89
95005	张立	信息系统	95
95006	张小光	数据处理	56

图5-31　应用题第1题视图的数据

2. 进入stu_course表中，将学号为95001学生的1号课程的成绩修改为95，然后查看视图中有无修改；同样地，在视图scview1中将该成绩再改回92，查看基本表stu_course中有无修改。

3. 利用SQL语句为表stu_course创建一个视图avggrade，显示课程号和平均成绩。将stu_course表中学号为95003学生所选的1号课的成绩修改为80，查看视图中的数据是否发生变化，修改视图中的成绩，看可以修改吗？

第6章　为职工信息数据库创建存储过程和触发器

存储过程和触发器都是数据库中的可编程对象。存储过程是 SQL Server 中用于保存和执行一组 SQL 代码的数据库对象，应用存储过程可以将一组执行的源代码保存于服务器端，简化客户端的代码，并可实现代码的重用，因此存储过程是 SQL Server 提供的又一项提高系统可用性的有效工具。触发器是一种特殊类型的存储过程，与存储过程相同，触发器保存在服务器端，可以执行多条 SQL 语句，可以实现复杂的业务应用，但触发器不能被用户直接执行，也不能被调用，而是由 SQL 操作直接来触发执行，在触发器中不能使用参数，也不能通过触发器来获取返回值。由于存储过程和触发器是可编程对象，所以在学习之前我们先要掌握 SQL Server 关于编程的一些基本技能。

本章项目名称： 为职工信息数据库创建存储过程和触发器

项目具体要求： 根据任务的需求为职工信息数据库创建存储过程和触发器，并且对创建好的存储过程进行调用，来验证该触发器是否成功执行。

6.1　程序设计基础

SQL 是 SQL Server 2008 提供的一种交互式查询语言。使用 SQL 编写应用程序可以完成所有的数据库管理工作，它是唯一可以和 SQL Server 2008 的数据库管理系统进行交互的语言。任何应用程序，只要向数据库管理系统发出命令以获得数据库管理系统的响应，最终都必须体现为 SQL 语句的表现形式的指令。本节主要介绍 SQL Server 2008 程序设计的一些最基本元素、流程控制语句、函数、游标和事务。

6.1.1　程序设计元素

在这一小节中，我们主要是让大家来熟悉程序设计的一些最基本元素。

1. 常量

常量，也称为文字值或标量值，在程序运行过程中常量的值不会改变。

任务 6.1　显示字符串常量“Hello,World!”。

两种语句如下：

```
select 'Hello,World!'
print 'Hello,World!'
```

任务 6.1 以两种不同的方式来显示字符串“Hello,World!”，上一种是在“结果”中以表格的形式返回，后一种是在“消息”中以消息的形式返回，具体结果如图 6-1 所示。

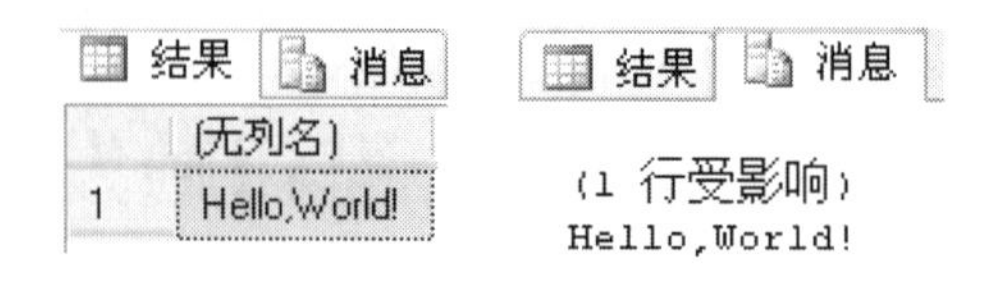

图 6-1　任务 6.1 的执行结果

知识点

按照 SQL 中常量值数据类型的不同，可以将常量分为多种类型，如下表所示。

类　型	说　　明
字符串常量	字符串常量必须使用单引号（‘’）括起来，由字母（a～z、A～Z）、数字（0～9）以及其他特殊字符（如@、#、* 等）组成，如：‘abc@21cn.com’
二进制整型常量	由 0、1 构成，不需要使用引号，如：1001
十进制整型常量	不带小数点的十进制数据，如：2008、—905
十六进制整型常量	通过在十六进制数据前添加前缀 0X 来表示，如：0X156FA
日期常量	使用单引号将日期括起来，如：‘2011-09-05’
实型常量	分为定点表示和浮点表示，分别为：123.456 和 10E24
货币常量	在前缀加上货币编号，如：$20.08

2. 系统全局变量

变量，是指在程序运行过程中其值可以改变的量，由变量名和变量值组成，其数据类型与常量一样，变量名不能与命令或函数名称相同。SQL 中支持两种类型的变量：系统全局变量和局部变量。

系统全局变量是由 SQL Server 系统自身提供并赋值的变量，用户不能自定义系统全局变量，也不能手工修改系统全局变量的值，系统全局变量以“@@”为前缀。

任务 6.2　使用@@SERVERNAME 查看当前 SQL Server 的服务器名称。

语句如下：

```
select @ @ SERVERNAME as 服务器名称
```

查询后的结果如图 6-2 所示，从查询结果可以看出，当前所安装的 SQL Server

2008服务器的名称为：LCY。在查询时用一个as是为了让显示的列名出现的不是“无列名”，而是指定的名称。

图6-2　任务6.2的查询结果

知识点

SQL Server 2008中常用的系统全局变量如下表所示。

变　量	含　义
@@SERVERNAME	返回运行SQL Server的本地服务器的名称
@@CURSOR_ROWS	返回连接打开的上一个游标中的当前限定行的数目
@@ROWCOUNT	返回受上一语句影响的行数
@@VERSION	返回当前的SQL Server安装的版本、处理器体系结构、生成日期和操作系统
@@ERROR	返回执行的上一个SQL语句的错误号

3. 局部变量

局部变量是可以保存单个特定类型数据值的对象，只在一定范围内起作用。局部变量可以作为计数器计算循环执行的次数或控制循环执行的次数，可以保存数据值以供控制流语句测试，还可以保存存储过程的返回值或函数返回值，局部变量起名时以“@”为前缀。

任务6.3　定义一个局部变量用来接收职工号，并且用一个局部变量来接收该职工号的职工姓名，最终显示该职工姓名。

语句如下：

```
declare @wname varchar(50),@wid char(3)
set @wid= '005'
select @wname=(select wname from worker where wid= @wid)
select @wname as 职工姓名
```

注意，这些语句在执行时，要全部选中，一起执行，执行后的结果如图6-3所示。由于定义的局部变量只在一个程序块内有效，所以为变量赋值的语句应该与声明变量的语句一起执行。在这一批语句中，首先是定义了两个字符类型的局部变量，第二条语句是为局部变量职工号赋值，第三条语句是在数据库的职工表中查询指定职工号的职工姓名，并且将姓名赋给局部变量@wname，最后一条语句显示所查询出来的职工姓名。

	职工姓名
1	余慧

图 6-3　任务 6.3 的语句执行结果

知 识 点

局部变量的定义、赋值和显示。

1. 局部变量的定义

declare ＜变量名 1＞ ＜数据类型 1＞ [，＜变量名 2＞ ＜数据类型 2＞…]

2. 局部变量的赋值

set 变量名＝变量值或 select 变量名＝变量值

3. 局部变量的显示

select 局部变量或 print 局部变量

4. 程序注释

注释是程序代码中不执行的文本字符串，也可以称为备注，主要用来对程序代码进行解释说明，以提高代码的可阅读性，为代码的后期维护提供方便。可以将注释插入到单独行中、嵌套在 SQL 命令行的结尾或嵌套在 SQL 语句中。

SQL Server 2008 系统主要支持两种注释形式：行注释和段落注释。其中行注释是使用双连字符“--”，系统认为双连字符的开始到该行的末尾均为注释部分。段落注释的内容可以超过一行，注释部分的内容放在“/ * … * /”之间。

5. 算术运算符

运算符是一种符号，用来指定要在一个或多个表达式中执行的操作。SQL Server 2008 中的运算符主要分为：算术运算符、比较运算符、赋值运算符、逻辑运算符、字符串连接运算符等。

算术运算符用于对两个表达式执行数学运算，这两个表达式可以是任何数值数据类型。

任务 6.4　计算职工号为“001”，日期为“2011-01-04”的当月实际扣除工资。

语句如下：

```
select totalsalary-actualsalary as 当月实际扣除 from salary
where wid= '001' and sdate= '2011-01-04'
```

在任务 6.4 中利用算术运算符来计算当月实际扣除的工资，执行该查询语句后的查询结果如图 6-4 所示。

	当月实际扣除
1	700.0

图 6-4　任务 6.4 的语句执行结果

知识点

SQL Server 2008 中的算术运算符主要有以下这些。

1. 加（+）：对两个表达式进行加运算。
2. 减（-）：对两个表达式进行减运算。
3. 乘（*）：对两个表达式进行乘运算。
4. 除（/）：对两个表达式进行除运算。
5. 取模（%）：返回一个除法运算的整数余数。

6. 比较运算符

比较运算符用于对两个表达式进行比较，可以用于除了 text、ntext 或 image 数据类型外所有的表达式，比较的结果是 boolean 类型，返回以下三个值：TRUE、FALSE 或 UNKNOWN。

任务 6.5　查询实发工资高于 3000 的工资表相关信息。

语句如下：

```
select * from salary where actualsalary> = 3000
```

执行任务 6.5 后的查询结果如图 6-5 所示，在该表中显示的是工资表（salary）中所有实发工资高于 3000 的工资相关信息。

	wid	sdate	totalsalary	actualsalary
1	001	2011-01-04	4200.0	3500.0
2	001	2011-02-03	4000.0	3200.0
3	003	2011-01-04	3800.0	3400.0
4	003	2011-02-03	3700.0	3200.0
5	005	2011-01-04	4500.0	3800.0
6	005	2011-02-03	4600.0	3900.0
7	009	2011-01-04	4500.0	3800.0
8	009	2011-02-03	5000.0	4200.0

图 6-5　任务 6.5 的语句执行结果

知识点

SQL Server 2008 中的比较运算符主要有以下这些。

1. 等于（=）：比较两个表达式的值是否相等。
2. 大于（>）：比较前一个表达式的值是否大于后一个表达式。
3. 小于（<）：比较前一个表达式的值是否小于后一个表达式。
4. 大于等于（>=）：比较前一个表达式的值是否大于等于后一个表达式。
5. 小于等于（<=）：比较前一个表达式的值是否小于等于后一个表达式。
6. 不等于（<>或!=）：比较两个表达式的值是否不相等，后一个表式方式为非 ISO 标准。

7. 赋值运算符

等号（=）是唯一的SQL赋值运算符，可以用于将表达式的值赋值给一个变量，也可以在列标题和定义列值的表达式之间建立关系。

任务6.6 使用“=”号为一个变量赋值。

语句如下：

```
declare @name varchar(30)
set @name='李飞龙'
print @name
```

选中全部的三行语句，单击“运行”，运行后的结果如图6-6所示。

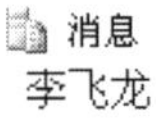

消息
李飞龙

图6-6 任务6.6的语句执行结果

8. 逻辑运算符

逻辑运算符用于对某些条件进行测试，以获得其真实情况。逻辑运算符和比较运算符一样，返回boolean数据类型，返回的值与比较运算符相同。

任务6.7 查询职工表（worker）中所有姓“孙”的并且不在“1”或“3”部门工作的职工信息。

语句如下：

```
select * from worker where wname like '孙%' and depid not in('1','3')
```

在任务6.7中用到了两个逻辑运算符like和not，其实我们在前面的查询语句中已经有过介绍，运行结果如图6-7所示。

	wid	wname	wsex	wbirthdate	wparty	wjobdate	depid
1	002	孙天奇	女	1965-03-10	是	1987-07-10	2

图6-7 任务6.7的语句执行结果

知识点

SQL Server 2008中的逻辑运算符主要有以下这些。

1. all：如果一组的比较都返回TRUE，则比较结果为TRUE。
2. and：如果两个布尔表达式都返回TRUE，则结果为TRUE。
3. any：如果一组的比较中任何一个返回TRUE，则结果为TRUE。
4. between：如果操作数在某个范围之内，则结果为TRUE。
5. exists：如果子查询中包含了一些行，则结果为TRUE。
6. in：如果操作数等于表达式列表中的一个，则结果为TRUE。
7. like：如果操作数与某种模式相匹配，则结果为TRUE。
8. not：对任何布尔运算符的结果值取反。
9. or：如果两个布尔表达式中的任何一个为TRUE，则结果为TRUE。

6.1.2　流程控制语句

通常情况下，各个SQL语句按其出现的顺序依次执行，如果需要按照指定的条件进行控制转移或重复执行某些操作，则可以通过流程控制语句来实现。

任务6.8　利用流程控制语句来计算1+2+3+…+100的结果。

语句如下：

```
declare @i int
declare @s int
select @i= 1
select @s= 0
while @i< = 100
begin
    select @s= @s+ @i
    select @i= @i+ 1
end
select @s
```

在任务6.8中，完成了1+2+3+…+100的计算，最终的计算结果为5050，如图6-8所示。在此先定义了两个变量，@i用来控制循环的次数，@s用来作为累加器，存放计算的结果。在此while是循环，循环中的语句有两条，当超过一条时，用begin和end来组成一个语句块。

图6-8　任务6.8中流程控制语句的执行结果

任务6.9　求出男女职工的平均工资，若男职工平均工资高出女职工平均工资50%，则显示"男职工比女职工的工资高多了"的信息；若男职工平均工资与女职工平均工资比率为1.5～0.8，则显示"男职工跟女职工的工资差不多"的信息；否则，显示"女职工比男职工的工资高多了"的信息。

语句如下：

```
use factory
go
declare @avg1 float,@avg2 float,@ratio float
--计算男职工平均工资
select @avg1= avg(salary.actualsalary)
from worker,salary
where worker.wid= salary.wid and worker.wsex= '男'
--计算女职工平均工资
select @ avg2= avg(salary.actualsalary)
```

```
from worker,salary
where worker.wid= salary.wid and worker.wsex='女'
--求比
select @ ratio= @ avg1/@ avg2
if @ ratio> 1.5
    print'男职工比女或工的工资高多了'
else
     if @ ratio> = 0.8
          print '男职工跟女职工的工资差不多'
else
     print '女职工比男职工的工资高多了'
go
```

在任务 6.9 中，定义了三个变量@avg1、@avg2、@ratio，分别用来存放男职工平均工资、女职工平均工资和男女职工平均工资的比率。在接下来的流程控制语句中，用了 if 语句来判断平均工资的比率在哪个范围内，并且按题目的要求显示最终的结果，该程序段当前测试数据的最终运行结果如图 6-9 所示。

消息
男职工跟女职工的工资差不多

图 6-9　任务 6.9 中程序控制语句的执行结果

任务 6.10　利用流程控制语句和批处理命令来实现如下功能：

```
打开到 factory 数据库
go
定义四个变量，一个用来接收职工号，一个用来接收部门名，一个用来接收年龄，一个用
来接收姓名。
给职工号赋值
判断这个职工号是否存在
   若存在，则将数据库中该条记录的值赋给相应的变量
   显示“职工号为* 的职工在* * * 工作，姓名为：* * ，年龄为：* ”
   若不存在，则显示“不存在该职工号的记录”
go
```

所对应的流程控制语句如下所示：

```
use factory
 go
 declare @ no char(3),@ dep char(6),@ name char(8),@ age int
 select @ no='002'
 if exists(select *  from worker where wid= @ no)
 begin
       select @ dep= depart.dname, @ name= wname, @ age= year(GETDATE())
       - year(wbirthdate)from worker,depart
```

```
    where worker.wid= @ no and worker.depid= depart.did print '职工号为'+ @
    no + '的职工在'+ @ dep + '工作, 姓名为:'+ @ name+ ', 年龄为:'+ cast (@ age
    as char (2))
end
else
    print '不存在该职工号的记录'
go
```

在任务 6.10 中当前的职工号为“002”，运行该流程控制语句后的显示结果如图 6-10 上图所示。若将职工号修改为“012”，再运行一下，发现该职工号是不存在的，显示结果如图 6-10 下图所示。

```
消息
职工号为002的职工在人事处工作,姓名为: 孙天奇    ,年龄为: 46

消息
不存在该职工号的记录
```

图 6-10　任务 6.10 中程序控制语句的两次执行结果

知 识 点

常用的流程控制语句介绍。

1. begin...end 语句

begin...end 语句用于将一系列的 SQL 语句组合成一个语句块，相当于其他高级语言中的复合语句，在流程控制语句中必须执行两条或多条 SQL 语句的地方都可以用此语句。

2. if...else 语句

if...else 条件语句用于指定 SQL 语句的执行条件，如果满足条件则执行 if 条件表达式后面的语句，若不满足条件则执行 else 后面的语句。

3. while 循环语句

while 循环语句用来设置重复执行 SQL 语句或语句块的条件，只要指定的条件为真，就再次执行循环体内的语句。可以在循环体内部使用 break 强制退出循环，也可以使用 continue 结束本次循环体后面的语句，回到循环的条件判断是否继续循环。

6.1.3　函数

为了方便数据的统计与处理，SQL Server 2008 提供了多种类型的函数，主要有聚集函数、数学函数、字符串函数、日期函数、转换函数和用户自定义函数等。其中的聚集函数我们在介绍 SQL 查询语句时已经有过介绍，这里就不重复了。

1. 数学函数

数学函数都是标量值函数，它们通常都是基于作为参数提供的输入值执行计算的，并返回一个数值。

任务 6.11 利用数学函数完成以下计算。

语句如下：

```
select abs(- 5) as 绝对值
select sin(PI()/6)as 正弦值,cos(PI()/3)as 余弦值,power(2,3)as'2 的 3 次方'
select rand()as 随机数, round(4.567,1) as 求精度
select sqrt(9)as 平方根, square(8)as 平方
```

在任务 6.11 中利用数学函数依次完成了绝对值的计算，正弦值的计算，余弦值的计算，数值的 N 次方计算，随机数计算，求精度计算，平方根的计算，平方值的计算，运行任务 6.11 的语句后的执行结果如图 6-11 所示。

	绝对值
1	5

	正弦值	余弦值	2的3次方
1	0.5	0.5	8

	随机数	求精度
1	0.230863977928225	4.600

	平方根	平方
1	3	64

图 6-11　任务 6.11 的语句执行结果

知 识 点

常见的数学函数如下。

1. abs(n)：返回指定数值表达式的绝对值。
2. log(f)：返回 float 表达式 f 的自然对数。
3. pi()：返回圆周率 PI 的常量值（3.141 592 653 589 79）。
4. power(n，y)：返回表达式 y 的 n 次幂的值。
5. rand(seed)：返回 0 至 1 之间的随机 float 值，seed 为提供种子值的整数表达式。
6. round(n1，n2)：返回一个数值表达式，舍入到指定的长度或精度，其中 n2 为舍入精度。
7. sin(f)：返回 float 表达式 f 中以弧度表过的角的三角正弦。
8. cos(f)：返回 float 表达式 f 中以弧度表过的角的三角余弦。
9. sqrt(f)：返回表达式 f 的平方根。
10. square(f)：返回表达式 f 的平方。

2. 字符串函数

字符串函数是标量值函数，它们对字符串输入值执行操作，并且返回一个字符串或数值。

任务 6.12　利用字符串函数完成对字符串的操作。

语句如下：

```
select col1= left('abcdef',3),col2= len('abcdef')
select col3= lower('ABCDEF'),col4= upper('abcdef')
select col5= substring('abcdef',3,2),col6= right('abcdef',3)
select col7= ltrim(' abcdef'),col8= replace('abcdef','f','z')
```

在任务 6.12 中，利用字符串函数对字符串进行了各种操作，具体的操作结果如图 6-12 所示。

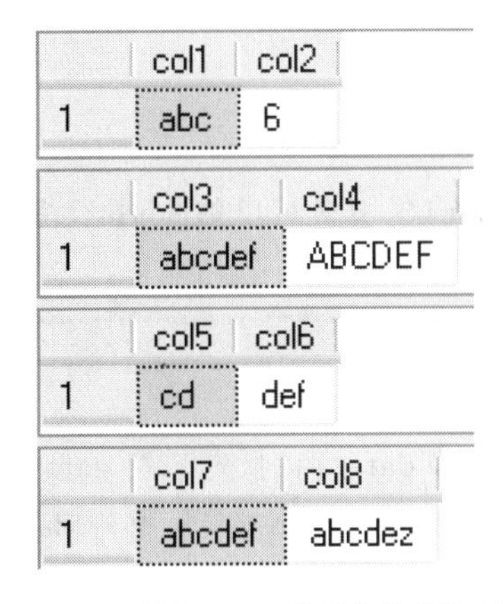

图 6-12　任务 6.12 的语句执行结果

知识点

常见的字符串函数如下。

1. ascll(s)：返回字符串表达式 s 中最左侧字符的 ASCII 代码值。

2. left(s，n)：返回字符串从左边开始指定个数的字符。

3. len(s)：返回指定字符串表达式的字符数，其中不包括尾随空格。

4. lower(s)：将大写字符数据转换为小写字符数据后返回字符表达式。

5. replace(s1，s2，s3)：用字符串表达式 s3 替换字符串表达式 s1 中出现的所有字符串表达式 2 的匹配项。

6. reverse(s)：返回字符串表达式 s 的逆向表达式。

7. right(s，n)：返回字符串 s 中从右边开始指定个数 n 的字符。

8. substring(s，n1，n2)：返回字符串表达式中的一部分子串，n1 表示指定子串的开始位置，n2 表示要返回的字符数。

3. 日期函数

日期函数用于处理日期，例如获取日期中的月份、在现有日期的基础上加或减一段时间、获取两个日期之间的时间差等。

任务6.13 使用getdate函数获取当前系统日期和时间，并使用dateadd函数获取明天的日期和时间，获取当前的月份。

语句如下：

```
select getdate()as 今天,dateadd(day,1,getdate())as 明天
select month(getdate())as 当前月份
```

执行任务6.13后的结果如图6-13所示。

	今天	明天
1	2011-09-26 12:57:27.013	2011-09-27 12:57:27.013

	当前月份
1	9

图6-13 任务6.13的语句执行结果

知识点

常见的日期时间函数如下。

1. dateadd(datepart, n, date):将指定日期date中的指定部分datepart与n相加,返回一个新的datetime值,其中的datepart可以是year、month、day等。

2. datediff(datepart,date1,date2):返回两个日期date1,date2指定部分datepart的差值。

3. getdate():返回系统当前的日期和时间。

4. month(date)/year(date)/ day(date):返回指定日期年、月或日的整数值。

5. datepart(datepart,date):返回指定日期date指定部分的整数。

4. 转换函数

在SQL Server 2008中，数据类型转换分为隐式转换和显示转换。隐式转换对用户不可见，SQL Server 2008会自动将数据从一种数据类型转换为另一种数据类型，例如，将smallint与int进行比较时smallint会被隐式转换为int。显示转换使用cast或convert函数实现，这两个函数可以将局部变量、列或其他表达式从一种数据类型转换为另一种数据类型。

任务6.14 使用cast和convert函数转换数据类型。

语句如下：

```
select cast('111' as int)+ cast('222' as int) as 字符串转换成数字相加
select cast(111 as CHAR(3))+ cast(222 as CHAR(3)) 数字转换成字符串连接
select convert(char(3),111)+ convert(char(3),222) 数字转换成字符串连接
select convert(date,'01/24/2011') 字符串转换成日期
```

在任务 6.14 中利用 cast 和 convert 两个函数对数据类型进行转换，执行后的结果如图 6-14 所示。

	字符串转换成数字相加
1	333

	数字转换成字符串连接
1	111222

	数字转换成字符串连接2
1	111222

	字符串转换成日期
1	2011-01-24

图 6-14　任务 6.14 的语句执行结果

5. 用户自定义函数

使用 SQL Server 2008 提供的多种类型的函数，解决了普遍的数据处理问题。但是在特殊情况下，这些类型的函数可能满足不了应用的需要。这时，用户可以根据需要，创建自定义函数。用户自定义函数可以使用 create function 语句创建，它是由一个或多个 SQL 语句组成的子程序，可以用于封装代码以便重新使用。当用户创建一个用户自定义函数后，还可以使用 alter function 语句对其进行修改，或者使用 drop function 语句将其删除。

在 Microsoft SQL Server 系统中，使用用户自定义函数可以带来许多好处，这些好处包括允许模块化设计，只需创建一次函数并且将其存储在数据库中，以后便可以在程序中调用任意次。用户自定义函数可以独立于程序源代码进行修改，执行速度快。

用户自定义函数可以分为 3 种类型：标量值函数、内联表值函数和多语句表值函数。下面介绍前两种类型的用户自定义函数的创建与调用，以及修改和删除用户自定义函数的语句。

任务 6.15　创建一个标量值函数，用于从 worker（职工表）中根据职工号返回职工姓名。

首先我们要创建函数，在此创建一个名为 getname 的函数。

语句如下：

```
use factory
go
create function getname(@wid char(3))
returns varchar(50)
as
begin
   declare @name varchar(50)
   select @name= wname from worker
   where wid= @wid
   return @name
end
```

上述创建语句中，定义了一个 char 类型的输入参数@wid，用来接收职工的职工号，在函数体中，又定义了一个 varchar 类型的变量@name，用来保存查询的结果，也就是职工的姓名，最后使用 return 返回该变量。

创建完后，下面执行该函数，执行的语句如下所示：

```
select dbo.getname('004') as 职工姓名
```

如上述语句所示，调用此类函数时需要指定其所属者名称 dbo，如果不加，在执行此函数时就会出错，提示‘getname’函数不是可以识别的内置函数名称”。执行以后语句后的结果如图 6-15 所示，返回的是职工号为“004”的职工的姓名。

	职工姓名
1	李华

图 6-15　任务 6.15 的语句执行结果

任务 6.16　创建一个内联表值函数 getworker，用于从 worker 表中根据所在的部门号（depid），返回该部门所有的职工信息。

语句如下：

```
use factory
go
if OBJECT_ID('dbo.getworker', 'FN') is not null
drop function dbo.getworker
go
create function getworker(@depid char(1))
returns table
as
return select * from worker where depid= @depid
go
select * from getworker(1)
go
```

在任务 6.16 中，首先判断 getworker 这个函数是否存在，若存在则先删除。接下来创建了一个内联表值函数，此函数返回的是特定部门号职工的信息。最后调用此函数，由于是返回一个表，大家可以发现在此调用的语句与标量值函数的调用语句不同了。执行任务 6.16 后的结果如图 6-16 所示。

	wid	wname	wsex	wbirthdate	wparty	wjobdate	depid
1	001	孙华	男	1952-01-03	是	1970-10-10	1
2	007	程西	女	1980-06-10	否	2007-10-02	1

图 6-16　任务 6.16 的语句执行结果

任务 6.17　创建一个标量值函数，用于计算职工被扣除的工资。

语句如下：

```
use factory
go
if OBJECT_ID('dbo.diffsalary','FN') is not null
    drop function dbo.diffsalary
go
create function diffsalary(@total decimal(10,1),@actual decimal(10,1))
returns int
as
begin
     declare @diffdecimal(10,1)
     set @diff= @total-@actual
     return(@diff)
end
go
select salary.wid,wname,sdate,dbo.diffsalary(totalsalary,actualsalary)
from salary inner join worker on salary.wid= worker.wid
where month(sdate)= 1
go
```

通过任务 6.17 的运行，将计算出每个职工的全部应发工资减去实发工资的差额，也就是职工实际被扣除的工资。在创建函数时，定义了两个变量分别用来存放全部应发工资和实际工资的数值。注意在定义变量时的类型要跟数据库定义字段时的类型一致，不然在函数运行接收数据时会出错。运行任务 6.17 后的结果如图 6-17 所示。

	wid	wname	sdate	(无列名)
1	001	孙华	2011-01-04	700
2	002	孙天奇	2011-01-04	200
3	003	陈明	2011-01-04	400
4	004	李华	2011-01-04	400
5	005	余慧	2011-01-04	700
6	006	欧阳少兵	2011-01-04	400
7	007	程西	2011-01-04	300
8	008	张旗	2011-01-04	400
9	009	刘夫文	2011-01-04	700

图 6-17　任务 6.17 的语句执行结果

6.1.4　游标

为了方便用户对结果集中单独的数据行进行访问，SQL Server 2008 提供了一种特殊的访问机制：游标。游标主要包括游标结果集和游标位置两部分，游标结果集是指由定义游标的 select 语句所返回的数据行的集合，游标位置则是指向这个结果集中的某一行的指针。

通过游标机制，可使用 SQL 语句逐行处理结果集中的数据。游标具有如下特点：

(1) 允许定位结果集中的特定行。

(2) 允许从结果集的当前位置检索一行或多行。

(3) 允许对结果集中当前行的数据进行修改。

(4) 为其他用户对显示在结果集中的数据所做的更改提供不同级别的可见性支持。

(5) 提供在脚本、存储过程和触发器中使用的访问结果集中的数据的 SQL 语句。

在 SQL 语句中，使用游标主要包括以下 5 个步骤：

(1) 使用 declare cursor 语句定义游标的结果集内容。

(2) 使用 open 语句打开游标，提到游标的结果集。

(3) 使用 fetch into 语句到游标结果集的当前行指针所指向的数据。

(4) 游标使用结束后，使用 close 语句关闭游标。

(5) 使用 deallocate 语句释放游标所占的资源。

任务 6.18 利用游标查询职工的人数。

语句如下：

```
use factory
go
declare number_cur cursor keyset for select *  from worker
open number_cur
if @@ERROR= 0 print '职工总人数为:'+ convert(char(5),@@cursor_rows)
close number_cur
deallocate number_cur
go
```

在任务 6.18 中使用游标来查询职工的总人数，根据游标的使用步骤，语句的第一行先定义游标，语句的第二行是打开游标，语句的第三行是游标的使用，在此是从@@cursor_rows 全局变量中读取游标所对应的行数，语句的第四行是关闭游标，语句的第五行是释放游标。执行任务 6.18 后所对应的结果如图 6-18 所示。

图 6-18 任务 6.18 的语句执行结果

任务 6.19 利用游标从部门信息表（depart）中逐行提取记录。

语句如下：

```
declare dep_cursor cursor for select *  from depart
open dep_cursor
fetch next from dep_cursor
while @@FETCH_STATUS= 0
    fetch next from dep_cursor
close dep_cursor
deallocate dep_cursor
```

在任务 6.19 中，第一步先定义一个游标，第二步打开游标，第三步从游标中读取下

一条记录，接下来是一个循环，只有读取的状态为0（表示行已成功读取），才能继续读取下一个游标的数据，最后关闭并释放游标。运行任务6.19后的结果如图6-19所示。

从此任务中我们也可以看出，定义并打开游标后，当前的游标是定位在第一条数据的前面，当游标定位在最后一条数据的后面时状态变量@@fetch_status为-1（表示读取操作已超出了结果集），所以最后一行输出的数据为空。

结果　消息

	did	dname	dmaster	droom
1	1	财务处	003	2201

	did	dname	dmaster	droom
1	2	人事处	005	2209

	did	dname	dmaster	droom
1	3	市场部	009	3201

	did	dname	dmaster	droom
1	4	开发部	001	3206

	did	dname	dmaster	droom

图6-19　任务6.19的语句执行结果

任务6.20　利用游标更新部门信息临时表（#depart）中人事处的负责人为002。

语句如下：

```
select * into #depart from depart
declare dep_cursor2 cursor for select *  from #depart
declare @dname varchar(20),@did char(1),@dmaster char(3),@droom char110)
open dep_cursor2
fetch next from dep_cursor2 into @did,@dname,@dmaster,@droom
while @@FETCH_STATUS= 0 and rtrim(@dname)< > '人事处'
     fetch next from dep_cursor2 into @did,@dname,@dmaster,@droom
if (@@FETCH_STATUS= 0)
  update #depart
  set dmaster= '002'
  where current of dep_cursor2
close dep_cursor2
deallocate dep_cursor2
select * from depart
select * from #depart
drop table #depart
```

在任务6.20中，利用游标更新的是临时表#depart中的数据，所以在一开始首先将depart（部门信息表）中的数据通过查询存入临时表中。在语句的第三行中定义了若干个变量来接收游标所对应的记录的字段值。接下来通过一个循环来寻找人事处的记录，若游标指针的状态为0，表示读取成功，则将当前游标所对应的数据行的负责人修改为002。最后的运行结果如图6-20所示，上下两张表分别是depart表和#depart表（修改了数据）的查询结果。

结果 | 消息

	did	dname	dmaster	droom
1	1	财务处	003	2201
2	2	人事处	005	2209
3	3	市场部	009	3201
4	4	开发部	001	3206

	did	dname	dmaster	droom
1	1	财务处	003	2201
2	2	人事处	002	2209
3	3	市场部	009	3201
4	4	开发部	001	3206

图 6-20　任务 6.20 的语句执行结果

知 识 点

使用游标编程的语句格式如下。

1. 声明游标：declare 游标名 cursor for select 语句。
2. 打开游标：open 游标名。
3. 移动到当前行并读取数据：fetch 游标名 [into @变量名，…]。
4. 修改当前行数据：update from 表或视图 set 列名=表达式，… where current of 游标名。
5. 关闭游标：close 游标名。
6. 释放游标：deallocate 游标名。

6.1.5　事务

在数据库中对数据进行插入、删除、修改操作时，要用到一条或一组 insert、delete、update 语句，这一条或一组语句在执行过程中因意外的情况会造成语句执行了一半，从而使数据出错，那么如何防止此类数据操作的错误呢？这就是我们要介绍的事务。

在 SQL Server 2008 中，事务（transaction）是对数据库操作的一条或多条 SQL 语句组成一个单元，此单元中的语句要全部都正常完成，若有一条语句不能正常完成，则会取消此单元所有语句的操作。比如，要从银行的 A 账户转 1000 元给 B 账户，所要执行的操作主要由两个步骤组成，第一步在 A 账户上减少 1000 元，第二步在 B 账户上增加 1000 元。通过这两个步骤就完成了转账的工作，这两个步骤必须同时完成，若只完成了第一步，第二步由于意外没有完成，则会造成账户资金的不平衡。所以我们在操作时可以将这两个步骤设置成一个事务，若有一步没有完成，则取消转账的操作。

事务具有非常独特的属性，主要有以下几个方面的属性：

(1) 原子性（Atomicity）。原子性是指事务中的操作对于数据的修改，要么都完成，要么都取消。

（2）一致性（Consistency）。一致性是指事务在完成时，必须使所有的数据都保持一致状态，保持所有数据的完整性。

（3）隔离性（Isolation）。隔离性是指并发事务所做的数据修改与任何其他并发事务所做的数据修改隔离，即对于一个事务，可以看到另一个事务修改完后的数据或者是修改之前的数据，而不能看到事务正在修改中的数据。

（4）持久性（Durability）。持久性是指当一个事务完成之后，对数据所做的修改都已经保存到数据库中。

任务 6.21　利用事务来为#depart 表插入三行数据，若其中的一行插入出错，则三行数据全部取消。

插入语句正确的情况如下：

```
select *  into #depart from depart
set xact_abort on
begin transaction
insert into #depart values('5','科研处','002','4201')
insert into #depart values('6','宣传部','004','4202')
insert into #depart values('7','工会','006','4203')
if @@ERROR= 0
   commit
else
    rollback
go
select *  from #depart
drop table #depart
```

#depart 表中原先有四行数据，执行完任务 6.21 正确的情况下，为#depart 表插入了三行数据，执行后的结果如图 6-21 所示。

结果　消息

	did	dname	dmaster	droom
1	5	科研处	002	4201
2	6	宣传部	004	4202
3	7	工会	006	4203
4	1	财务处	003	2201
5	2	人事处	005	2209
6	3	市场部	009	3201
7	4	开发部	001	3206

图 6-21　任务 6.21 中正确情况下语句的执行结果

插入语句出错的情况如下：

```
select * into #depart from depart
set xact_abort on
begin transaction
insert into #depart values('5','科研处','002','4201')
```

```
insert into #depart values('6','宣传部','00004','4202')
insert into #depart values('7','工会','006','4203')
if @@ERROR= 0
   commit
else
    rollback
go
select * from #depart
drop table #depart
```

在插入语句出错的情况下，第二条插入语句出错。此时执行语句时，由于有一条语句出错，则会撤销其他的插入语句，所以执行这批语句后的结果如图 6-22 所示，#depart 表中还是原来的四行数据。

	did	dname	dmaster	droom
1	1	财务处	003	2201
2	2	人事处	005	2209
3	3	市场部	009	3201
4	4	开发部	001	3206

图 6-22 任务 6.21 出错情况下语句的执行结果

知 识 点

事务控制语句小结。

1. 定义事务开始：begin transaction
2. 提交事务：commit [transaction]
3. 回滚事务：rollback [transaction]
4. 设置事务整体回滚：set xact_abort on

6.2 存 储 过 程

存储过程是 SQL 语句和流程控制语句的集合，以一个名字保存，并作为一个单元来处理。存储过程是数据库中的一个独立的对象，保存在数据库中，可以由应用程序来调用执行，大大简化应用程序的开发，因此是 SQL Server 服务器端开发的主要手段之一。

存储过程可包含程序流、逻辑及对数据库的查询、删除、插入和更新等操作，也可以接受输入、输出参数等。一般地，在 SQL Server 系统中使用存储过程可以带来以下好处：

(1) 存储过程可以被其他应用程序所共享，所有的客户端程序可以使用同一个存储过程进行各种操作，因此确保了数据修改的一致性，并且简化客户端程序代码的编写，提高开发效率。

(2) 存储过程创建时在服务器上进行编译，又在服务器上执行，因此执行效率高。

(3) 减少网络的流量，这是一条非常重要的使用存储过程的原因。如果有一千条SQL语句，一条一条地通过网络传送给服务器，这将花费大量的时间。但是，如果把这一千条语句写在一个存储过程中，这时在客户机和服务器之间的网络传输就会大大减少所需的时间。

6.2.1　存储过程和种类

在SQL Server关系型数据库管理系统中，支持5种类型的存储过程：系统存储过程、用户存储过程、临时存储过程、远程存储过程和扩展存储过程。在此我们介绍两种存储过程：系统存储过程和用户存储过程。

1. 系统存储过程

系统存储过程是由系统提供的存储过程，可以作为命令执行各种操作，也可以作为样本存储过程，指导用户如何编写有效的存储过程。系统存储过程在master数据库中，其前缀为sp_。在此，列出几个系统存储过程来说明。

(1) sp_helpdb

用途：显示所有数据库的信息。

返回结果集：包括数据库名称、数据库总计大小、数据库属性、创建日期等信息。

(2) sp_who

用途：提供关于当前SQL Server用户和进程的信息。

返回结果集：返回包含系统进程ID、进程状态、与进程相关的登录名称、计算机名、操作的数据库等信息。

2. 用户存储过程

用户存储过程是指创建在每个用户自己数据库中的存储过程，这种存储过程的名字由用户命名，且名称前面没有前缀sp_。接下来要介绍的都是用户存储过程，这些用户存储过程可以完成特定的任务。

6.2.2　创建并调用用户存储过程

任务6.22　创建一个存储过程统计职工人数。

语句如下：

```
create proc worker_num
as
select count(* ) from worker
go
exec worker_num
go
```

任务 6.22 是一个不带参数的存储过程，调用时直接在执行命令 exec 的后面加上存储过程的名称就可以了，执行任务 6.22 后的结果如图 6-23 所示。

图 6-23　任务 6.22 存储过程的执行结果

任务 6.23　创建一个存储过程统计指定部门名的职工人数。

语句如下：

```
create proc worker_num_dep @dname varchar(20)
as
select count(* )
from worker inner join depart on worker.depid= depart.did
where dname= @dname
go
exec worker_num_dep '人事处'
go
```

任务 6.23 是一个带输入参数的存储过程，执行任务 6.23 后的结果如图 6-24 所示。

图 6-24　任务 6.23 存储过程的执行结果

任务 6.24　创建一个存储过程统计指定部门名的职工人数，由输出参数返回结果。

语句如下：

```
create proc worker_num_dep2 @dname varchar(20),@num int output
as
select @num= count(* )
from worker inner join depart on worker.depid= depart.did
where dname= @dname
go
declare @num1 int
exec worker_num_dep2 '人事处',@num1 output
print '人事处的职工人数为:'+ cast(@num1 as char(2))
go
```

任务 6.24 是一个带输入输出参数的存储过程，在调用时若存储过程有输出参数，则要在调用前先定义一个变量，在调用时用这个变量来接收输出参数的值，执行任务 6.24 后的结果如图 6-25 所示。

消息

人事处的职工人数为：4

图 6-25　任务 6.24 存储过程的执行结果

任务 6.25　创建一个存储过程统计职工的培训信息。

语句如下：

```
if OBJECT_ID('getgrade','p') is not null
   drop proc getgrade
go
create proc getgrade @wname varchar(50), @study_name varchar(50)= ''
as
begin
if @study_name!= ''
    select worker.wid,wname,depid,study_id,study_name,grade
    from study inner join worker on study.wid= worker.wid
    where wname= @wname and study_name= @study_name
else
    select worker.wid,wname,depid,study_id,study_name,grade
    from study inner join worker on study.wid= worker.wid
    where wname= @wname
end
go
insert study values('02','新技术培训','001','合格')
go
exec getgrade'孙华','岗前培训'
exec getgrade'孙华'
go
```

在任务 6.25 中，第一条语句是判断存储过程 getgrade 是否存在，若存在则删除此存储过程。在创建存储过程的语句中，根据所给的参数来执行相应的语句段，若给两个参数，则查询某职工某个培训的成绩，若只给一个参数，则给出该职工所有培训的成绩。在调用存储过程前为了更好的测试先对 study（培训表）插入一行数据。在调用时，首先查询孙华关于岗前培训的成绩，第二次调用时就给了一个职工姓名的参数，由于第二个参数为默认，所以给出该职工所有培训的成绩，执行的结果如图 6-26 所示。

结果　消息

	wid	wname	depid	study_id	study_name	grade
1	001	孙华	1	01	岗前培训	优秀

	wid	wname	depid	study_id	study_name	grade
1	001	孙华	1	01	岗前培训	优秀
2	001	孙华	1	02	新技术培训	合格

图 6-26　任务 6.25 存储过程的执行结果

任务 6.26 创建一个存储过程，用来向客户信息表（customer）插入一行数据，更改周小航的出生日期，删除客户编号为 C01 的客户。

语句如下：

```
create proc ins_customer @cid char(3),@cname varchar(30),@csex char
(2),
@cbirthdate date
as
begin
insert into customer
values(@cid,@cname,@csex,@cbirthdate)
update customer set cbirthdate='1990-04-01' where cname='周小航'
delete customer where cid='c01'
select * from customer
end
go
select * from customer
exec ins_customer 'C04','张大宝','男','1994-06-05'
go
```

在任务 6.26 中创建了一个存储过程用来对 customer 表中的数据进行插入、更新、删除操作，在调用该存储过程之前先查询一下 customer 表中的数据，图 6-27 是存储过程执行前后 customer 表中的数据。

	cid	cname	csex	cbirthdate
1	c01	陈建强	男	1985-02-01
2	c02	周小航	男	1987-03-02
3	c03	朱小倩	女	1987-04-21

	cid	cname	csex	cbirthdate
1	c02	周小航	男	1990-04-01
2	c03	朱小倩	女	1987-04-21
3	c04	张大宝	男	1994-06-05

图 6-27 任务 6.26 存储过程执行前后表中的数据结果

知识点

创建调用删除存储过程的一般语句格式。

1. 创建存储过程的语句格式：

create proc 存储过程名 [输入参数 1，输入参数 2，…，输出参数 1，输出参数 2，…]
as
[begin]
流程控制语句
[end]

2. 调用存储过程的语句格式：

exec 存储过程名 [输入参数 1，输入参数 2，…，输出参数 1，输出参数 2，…]

3. 删除存储过程的语句格式：

drop proc 存储过程名

6.3 触　发　器

触发器是一种特殊类型的存储过程，这是因为触发器也包含了一组 SQL 语句。但是触发器又与存储过程明显不同，触发器不能被用户调用执行，而是由某项操作自动触发执行，在触发器中不能使用参数，也不能通过触发器来获取返回值。

当有操作影响到触发器保护的数据时，触发器就自动触发执行。因此触发器是在特定表上进行定义的，该表也称为触发器表。对有操作针对触发器表时，例如在表中插入、删除、修改数据时，如果该表有相应操作类型的触发器，那么触发器就自动触发执行。

根据引起触发的数据修改语句，可分为 insert 触发器、update 触发器和 delete 触发器，本节介绍这三类触发器的创建和使用。

6.3.1　触发器的工作原理

编写触发器时，比较的数据存放在临时的触发器检查表中，触发器检查表为 inserted 和 deleted，其中 inserted 保存的是插入的数据，deleted 保存的是删除的数据。通过触发器检查表可以为触发器的动作设置条件，它不能直接地改变触发器检查表中的数据，但是能够使用 select 语句来检测 insert、delete 和 update 等操作的影响，具体如下：

(1) 在 insert 语句执行期间，新行被添加到触发器表的同时，也被添加到 inserted 表中。

(2) 在 delete 语句执行期间，从触发器表中被删除的行转移到了 deleted 表中，也就是说 deleted 表中此时存放的是从触发器表中删除的行。

(3) update 操作实际上是两个动作的连续，第一个动作是删除触发器表中的旧数据，这时的旧数据转移到 deleted 表中；第二个动作是插入新数据，在插入到触发器表的同时，也插入到 inserted 表中。

在设置触发器条件时，使用与数据更新对应的触发器检查表，在设置触发器条件时，还经常用到一个 SQL 的全局变量@@rowcount，该变量返回受上一语句所影响的表或视图中数据的行数。

6.3.2　创建并应用触发器

任务 6.27　创建一个触发器实现表数据的同步。

语句如下：

```
create database testdb
go
use testdb
go
create table test
       (id int not null primary key,
       description char(20) )
```

```
go
create table test_bak
(id int not null primary key,
description char(20) )
go
create trigger tri_i_test
on test
for insert
as
  if @@rowcount< > 0
  begin
    insert into test_bak
    select id, description from inserted
  end
return
go
insert into test
values(1,'aa')
insert into test
values(2,'bb')
go
select * from test
select * from test_bak
```

在任务 6.27 中，新建了一个数据库，并且在数据库下新建了两个表 test 和 test_bak。为 test 表创建了一个触发器，触发器的作用是当对 test 表执行插入操作时，将新插入的数据同时插入到 test_bak 表中，保持 test_bak 表中的数据与 test 表中的数据同步。创建触发器后，对 test 表插入了两行数据，最后查询两个表中的数据，发现 test_bak表中的数据跟 test 表中的数据一样，结果如图 6-28 所示。

结果 | 消息

	id	description
1	1	aa
2	2	bb

	id	description
1	1	aa
2	2	bb

图 6-28　任务 6.27 中应用触发器后的数据结果

任务 6.28　创建一个触发器，当删除 worker 表中的信息时，将 study 表中对应的员工的培训信息删除。

语句如下：

```
create trigger delete_worker
    on worker
    for delete
    as
       delete from study
       from study inner join deleted on study.wid= deleted.wid

go
select * from worker
select * from study
go
delete from worker where wid= '001'
go
select * from worker
select * from study
```

在任务 6.28 中为 worker 表创建了一个触发器，当对 worker 表执行删除操作时，在 study 表中的对应的数据也会被删除。在创建完触发器后，对 worker 表进行删除操作，删除前后两个表中的数据如图 6-29 所示。

结果　消息

	wid	wname	wsex	wbirthdate	wparty	wjobdate	depid
1	001	孙华	男	1952-01-03	是	1970-10-10	1
2	002	孙天奇	女	1965-03-10	是	1987-07-10	2
3	003	陈明	男	1945-05-08	否	1965-01-01	2
4	004	李华	女	1956-08-07	否	1983-07-20	3
5	005	余慧	女	1980-12-04	否	2007-10-02	3
6	006	欧阳...	男	1971-12-09	是	1992-07-20	3
7	007	程西	女	1980-06-10	否	2007-10-02	1

	study_id	study_name	wid	grade
1	01	岗前培训	001	优秀
2	01	岗前培训	003	合格
3	02	新技术培...	000	NU...
4	03	干部培训	005	优秀
5	03	干部培训	009	合格

	wid	wname	wsex	wbirthdate	wparty	wjobdate	depid
1	002	孙天奇	女	1965-03-10	是	1987-07-10	2
2	003	陈明	男	1945-05-08	否	1965-01-01	2
3	004	李华	女	1956-08-07	否	1983-07-20	3
4	005	余慧	女	1980-12-04	否	2007-10-02	3
5	006	欧阳...	男	1971-12-09	是	1992-07-20	3
6	007	程西	女	1980-06-10	否	2007-10-02	1
7	008	张旗	男	1980-11-10	否	2007-10-02	2

	study_id	study_name	wid	grade
1	01	岗前培训	003	合格
2	02	新技术培训	000	NULL
3	03	干部培训	005	优秀
4	03	干部培训	009	合格

图 6-29　任务 6.28 中应用触发器后的数据结果

任务 6.29 在表 depart 上创建一个触发器 depart_update，当更改部门号时同步更改 worker 表中对应的部门号，在执行创建语句时若该触发器存在，则先删除它。

语句如下：

```
use factory
go
if OBJECT_ID('depart_update','tr') is not null
  drop trigger depart_update
go
create trigger depart_update
on depart
for update
as
  update worker
  set worker.depid= inserted.did
  from deleted,inserted
  where worker.depid= deleted.did
go
select '将部门号 1 改为 5'
update depart
set did= '5'
where did= '1'
go
select wid,wname,depid from worker
go
select '将部门号 5 改为 1'
update depart
set did= '1'
where did= '5'
go
select wid,wname,depid from worker
go
```

在任务 6.29 执行的时候，职工号为“001”的职工已经删除，图 6-30 是创建完触发器后，对 depart 部门信息表进行修改前后的数据信息。

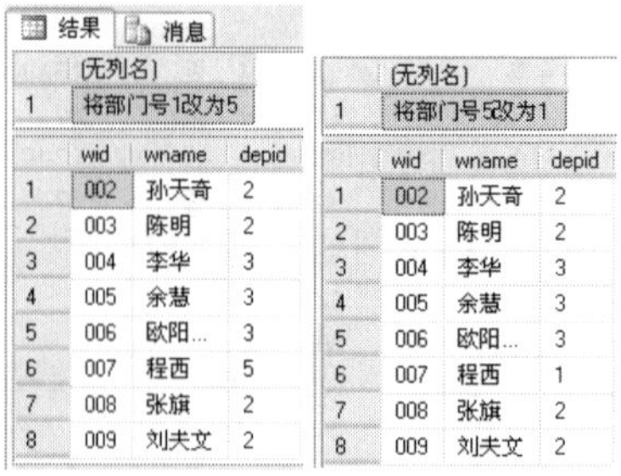

结果 消息

	(无列名)
1	将部门号1改为5

	wid	wname	depid
1	002	孙天奇	2
2	003	陈明	2
3	004	李华	3
4	005	余慧	3
5	006	欧阳...	3
6	007	程西	5
7	008	张旗	2
8	009	刘夫文	2

	(无列名)
1	将部门号5改为1

	wid	wname	depid
1	002	孙天奇	2
2	003	陈明	2
3	004	李华	3
4	005	余慧	3
5	006	欧阳...	3
6	007	程西	1
7	008	张旗	2
8	009	刘夫文	2

图 6-30 任务 6.29 中应用触发器后的数据结果

知识点

创建触发器的一般语句格式：

```
create trigger <触发器名>
on<触发器表名>
for {insert | update | delete}
as
<SQL语句>
```

6.4　本章实训：为医疗垃圾处理数据库创建存储过程和触发器

本次实训环境

在本章的实训中我们主要是对医疗垃圾处理数据库进行编程操作，涉及流程控制语句、函数、游标、事务、存储过程、触发器等操作。

本次实训操作要求

1. 利用流程控制语句来计算1+1/2+1/3+…+1/100的结果，该流程控制语句运行后的正确结果如图6-31所示。

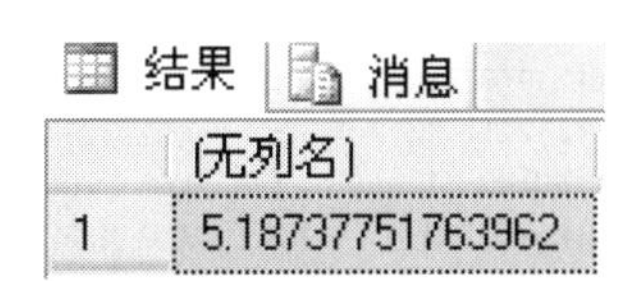

图6-31　实训任务1的运行结果

2. 利用流程控制语句来完成如下的功能：给定一个医疗机构名称，根据给定的名称，计算该医疗机构已付款总额，并且显示“＊＊＊已付款总额是：＊＊＊”，若没有付款，则显示：“＊＊＊没有付款记录”。

给定医疗机构的名称为分别为“北仑医院”和“东柳社区医院”，运行结果如图6-32所示。

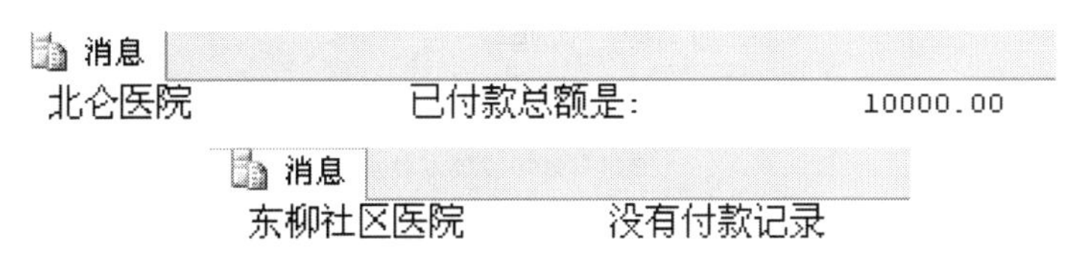

图6-32　实训任务2的运行结果

3. 创建一个函数，用于从me_info表中根据医疗机构代码，给出医疗机构的联系人。创建后调用该函数，指定参数为1001运行结果如图6-33所示。

	联系人
1	周东

图 6-33 实训任务 3 的运行结果

4. 利用游标从合同录入表（contracts）中逐行提取记录，提取的结果如图 6-34 所示。

	billno	signdate	enddate	me_no	amount
1	9001	2010-01-05	2012-01-05	1001	200.00

	billno	signdate	enddate	me_no	amount
1	9002	2012-06-01	2014-06-01	1002	240.00

	billno	signdate	enddate	me_no	amount
1	9003	2011-05-12	2013-05-12	1007	220.00

	billno	signdate	enddate	me_no	amount
1	9004	2011-06-12	2013-06-12	1008	220.00

	billno	signdate	enddate	me_no	amount

图 6-34 实训任务 4 的运行结果

5. 利用游标更新垃圾处理实时管理临时表（#handle）中 9001 医疗机构的周转箱数为 25，其中 #handle 表中的数据与垃圾处理实时管理表（handle）相同，更新以后再查询 handle 表和 #handle 表，数据如图 6-35 所示。

	billno	handledate	number
1	9001	2010-02-05	21
2	9001	2010-05-07	18
3	9002	2012-07-01	15
4	9002	2012-10-09	9
5	9002	2012-12-21	12
6	9003	2011-07-12	13
7	9003	2011-12-03	8
8	9004	2011-08-12	20

	billno	handledate	number
1	9001	2010-02-05	25
2	9001	2010-05-07	25
3	9002	2012-07-01	15
4	9002	2012-10-09	9
5	9002	2012-12-21	12
6	9003	2011-07-12	13
7	9003	2011-12-03	8
8	9004	2011-08-12	20

图 6-35 实训任务 5 的运行结果

6. 利用事务来为 #handle 表设置两步操作，第一步是插入一行数据“（‘9005’, ‘2012-02-01’, 18)”，第二步数据是更新 9002 在 2012-10-09 时的处理量为 12，若其中一步数据没有操作成功，则第二步数据也取消。

操作正确的情况如图 6-36 所示。

	billno	handledate	number
1	9005	2012-02-01	18
2	9001	2010-02-05	21
3	9001	2010-05-07	18
4	9002	2012-07-01	12
5	9002	2012-10-09	12
6	9002	2012-12-21	12
7	9003	2011-07-12	13
8	9003	2011-12-03	8
9	9004	2011-08-12	20

图 6-36 实训任务 6 的事务运行成功的结果

将第一步插入数据修改为“（‘9005’,‘2012-02-01’，18)”，事务未成功执行结果如图 6-37 所示。

结果　消息

	billno	handledate	number
1	9001	2010-02-05	21
2	9001	2010-05-07	18
3	9002	2012-07-01	15
4	9002	2012-10-09	9
5	9002	2012-12-21	12
6	9003	2011-07-12	13
7	9003	2011-12-03	8
8	9004	2011-08-12	20

图 6-37　实训任务 6 的事务运行未成功的结果

7. 创建一个存储过程统计指定医疗机构的垃圾处理量，由输出参数返回结果，运行此存储过程的结果如图 6-38 所示。

图 6-38　实训任务 7 的运行结果

8. 创建一个存储过程，用来向新增床位表（addbeds）插入一行数据“（‘1001’，‘2012-02-01’，150)”，更改医疗机构在 2011-06-03 时的新增床位数为 120。若该存储过程存在，则先删除它，存储过程执行前后 addbeds 的查询结果如图 6-39 所示。

	me_no	adddate	addnumber	note
1	1001	2010-02-23	500	初始床位
2	1001	2011-06-03	100	新增床位
3	1002	2011-12-01	300	初始床位
4	1002	2012-05-06	80	新增床位
5	1007	2011-04-02	270	初始床位
6	1008	2011-05-09	340	初始床位

	me_no	adddate	addnumber	note
1	1001	2010-02-23	500	初始床位
2	1001	2011-06-03	120	新增床位
3	1001	2012-02-01	150	NULL
4	1002	2011-12-01	300	初始床位
5	1002	2012-05-06	80	新增床位
6	1007	2011-04-02	270	初始床位

图 6-39　实训任务 8 的运行结果

9. 创建一个触发器，当删除医疗机构基本信息表（me_info）时，将合同录入表（contracts）中对应的医疗机构的信息删除，删除 me_info 表中 me_no 为 1001 的数据后，查询 me_info 和 contracts 表中的数据如图 6-40 所示。

	me_no	name	phone	address	contact	grade	bank	account
1	1002	北仑医院	88881112	北仑区	王一清	二级	中国银行	45635163
2	1003	象山医院	88881113	象山县	李一建	二级	中国银行	45635164
3	1004	奉化医院	88881114	奉化市	周小航	二级	中国银行	45635165
4	1005	溪口医院	88881115	溪口镇	王斌	一级	中国银行	45635166
5	1006	东柳社...	88881116	东柳...	林帅	一级	工商银行	95588139
6	1007	开发区...	88881117	开发区	蒋东	一级	工商银行	95588140
7	1008	中医院	88881118	宁波...	毛建光	三级	工商银行	95588141

	billno	signdate	enddate	me_no	amount
1	9002	2012-06-01	2014-06-01	1002	240.00
2	9003	2011-05-12	2013-05-12	1007	220.00
3	9004	2011-06-12	2013-06-12	1008	220.00

图 6-40　实训任务 9 的运行结果

10. 在表 contracts 上创建一个触发器 con_update，当更改合同编号时同步更改 payment 表中对应的合同编号，在执行创建语句时若该触发器存在，则先删除它，运行结果如图 6-41 所示。

消息

	(无列名)
1	将合同编号改为9012

	billno	paydate	amount
1	9001	2010-07-25	15000.00
2	9003	2012-06-05	8000.00
3	9004	2011-09-04	5000.00
4	9004	2012-04-02	2000.00
5	9012	2012-09-24	7000.00
6	9012	2012-12-25	3000.00

	(无列名)
1	将合同编号改为9002

	billno	paydate	amount
1	9001	2010-07-25	15000.00
2	9002	2012-09-24	7000.00
3	9002	2012-12-25	3000.00
4	9003	2012-06-05	8000.00
5	9004	2011-09-04	5000.00
6	9004	2012-04-02	2000.00

图 6-41　实训任务 10 的运行结果

6.5　本章习题

一、思考题

1. SQL 中的常量有哪些类型？
2. 如何定义一个局部变量？
3. 如何创建一个用户自定义函数？

4. 常用的系统函数有哪些？

5. 什么是游标？游标有什么特点？在 SQL 中使用游标主要包括哪几个步骤？

6. 什么是事务？事务有哪些属性？

7. 什么是存储过程？使用存储过程有什么好处？创建存储过程和调用存储过程的一般语句格式是怎样的？

8. 什么是触发器？与存储过程的区别是什么？创建触发器的一般语句格式是什么？

9. 触发器的工作原理是怎样的？

二、应用题

titles 表中的内容如图 6-42 所示，解释以下流程控制语句的作用，并给出语句最后的运行结果。

title_id	price
1	10
2	10
3	20
4	10

图 6-42　titles 表中的数据

语句如下：

```
declare @count int
select @count= 0
while(select avg(price) from titles)< $ 30
begin
   select @count= @count+ 1
   update titles
   set price= price* 2
   select max(price) from titles
   if(select max(price) from titles)> $ 50
   begin
print'Too high for the market to bear'
break
   end
   else
       continue
          end
          select @count
          go
```

2. 对学生课程数据库 stu 进行如下操作（表结构和数据见附录 C）：

(1) 利用游标查询学生的人数；

(2) 利用游标提取“英语系”学生的记录；

(3) 在 stu 数据库的 stu_course 表中，利用游标更新“95001”所选的“1”号课程

成绩，让成绩+5分。

3. 对于学生课程数据库，创建存储过程，统计某个系的学生人数，并且调用此存储过程。

4. 对于学生课程数据库，编写存储过程完成以下功能：根据给定的学生姓名和课程名称，检索学生的成绩，要求显示学生的学号、姓名、课程号、课程名、成绩。若只提供姓名，则检索指定学生所有课程的成绩。

5. 对于学生课程数据库，利用SQL语句创建一个视图，名为student_grade_view，包括学生的学号、姓名、性别、课程号、成绩。然后编写存储过程完成以下功能：根据给定的性别和课程号，检索该性别学生该门课程的最高分、最低分和平均分，注意在创建存储过程查询数据时请使用新创建的视图。

6. 创建一个触发器实现如下功能：当将student表中的学生记录删除时，自动从stu_course表中将该学生所对应的所有成绩记录删除，并且利用SQL语句测试该触发器。

第7章　职工信息数据库的安全性和完整性管理

数据库的安全性和完整性是对于任何一个数据库管理系统来说极其重要的。安全性是确保系统内存储的数据不被非法窃取和破坏，是数据库应用系统成败的关键。而数据库的完整性是保证存储在数据库中数据的准确性和一致性的。在SQL Server 2008中提供了多种机制和方法来控制安全性和完整性，在这一章中我们会进行介绍。

本章项目名称：职工信息数据库的安全性和完整性管理

项目具体要求：根据任务的要求来对数据库的安全性和完整性进行管理，以确保数据不被破坏，同时保证数据库中数据的准确性。

7.1　权限管理

在SQL Server 2008的权限管理中我们主要应解决三个问题：第一个问题是当用户登录数据库系统时，如何确保只有合法的用户才能登录到系统，这个问题是通过身份验证来解决的；第二个问题是相应的用户登录到数据库系统后，如何控制用户执行哪些操作，使用哪些对象和资源，这个问题是通过权限设置来实现的；第三个问题是数据库中的对象由谁所有，如果由用户所有，那么当用户被删除时，其所拥有的对象怎么办，这个问题是通过用户和架构分离来解决的，下面我们一一作介绍。

7.1.1　创建用户

登录数据库需要有服务器账户，登录成功后，如果想要对数据库和数据对象进行操作，还需要成为数据库用户。一个服务器账户可以与多个数据库用户相对应，这些数据库用户需要存在不同的数据库中。

1. 身份验证模式

在创建SQL Server的用户之前，我们首先要搞清楚，SQL Server的身份验证模式。

任务7.1　修改SQL Server 2008的身份验证模式。

【步骤1】打开SQL Server Management Studio，以“Windows身份验证”模式登录到SQL Server 2008。

【步骤2】在实例名上右击，在弹出的快捷菜单中选择“属性”，在“安全性”这一

项中，我们可以看到，SQL Server 的身份验证模式有“Windows 身份验证模式”和“SQL Server 和 Windows 身份验证模式”，如图 7-1 所示。

图 7-1　SQL Server 的安全验证模式

【步骤 3】将服务器身份验证模式修改为“SQL Server 和 Windows 身份验证模式”，然后找到安全性下的 sa 登录名，如图 7-2 所示。

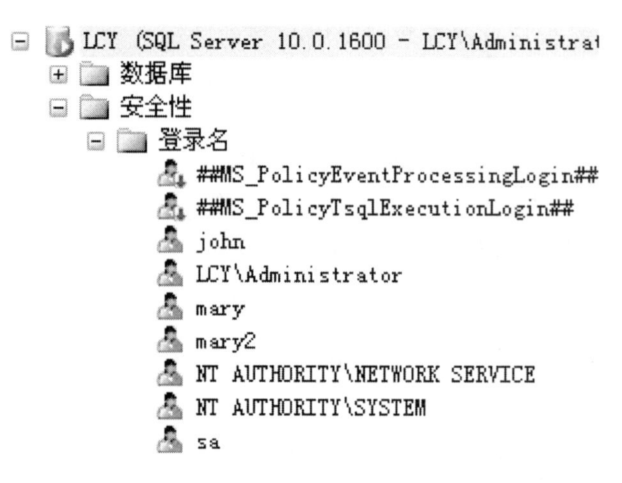

图 7-2　sa 的登录名

【步骤 4】在 sa 登录名上右击，在弹出的快捷菜单中选择“属性”，将当前的状态选为“启用”，并且在“常规”选项卡中将密码修改为“123”，如图 7-3 所示。

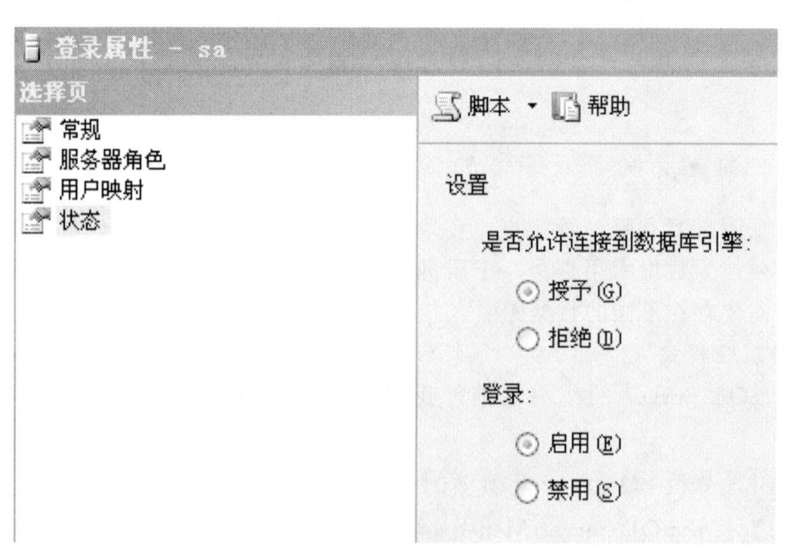

图 7-3　sa 的属性

【步骤5】完成这些操作后，需要重启 SQL Server 2008，也就是说将服务先“停止”，再“启动”。

【步骤6】新建一个连接，以用户名“sa”、密码“123”登录 SQL Server，登录成功。在 SQL Server 2008 的默认安装下，身份验证模式是“Windows 身份验证模式”，所以 sa 是不能登录到 SQL Server 的。

知识点

SQL Server 2008 身份验证模式：

1. Windows 身份验证模式。
2. SQL Server 和 Windows 身份验证模式。

2. 创建 Windows 账户登录

在 SQL Server 中，Windows 身份验证是默认的身份验证类型，在此我们介绍如何来创建一个 Windows 登录账户。

任务 7.2　创建一个 Windows 登录账户 Dark，并且利用此账户登录到 SQL Server 中。

【步骤1】在“控制面板”的“用户账户”中新建一个用户 Dark，如图 7-4 所示。

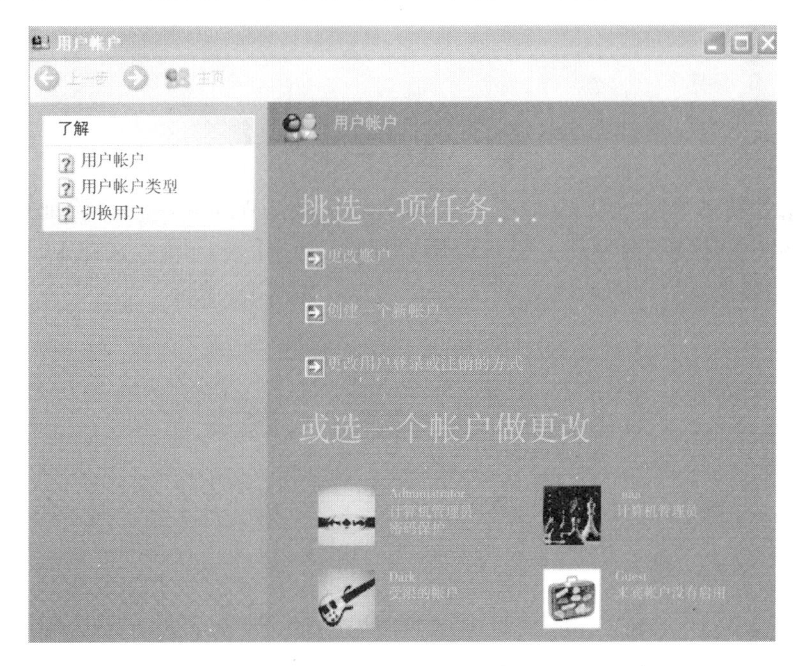

图 7-4　在“控制面板”中创建一个“Dark”用户

【步骤2】登录 SQL Server 2008，在“安全性”下的“登录名”上右击，出现“新建登录名”对话框，单击“登录名”右侧的“搜索”，在“选择用户或组”对话框中，单击下方的“高级”按钮，再单击“立即查找”，选择 Dark，如图 7-5 所示。

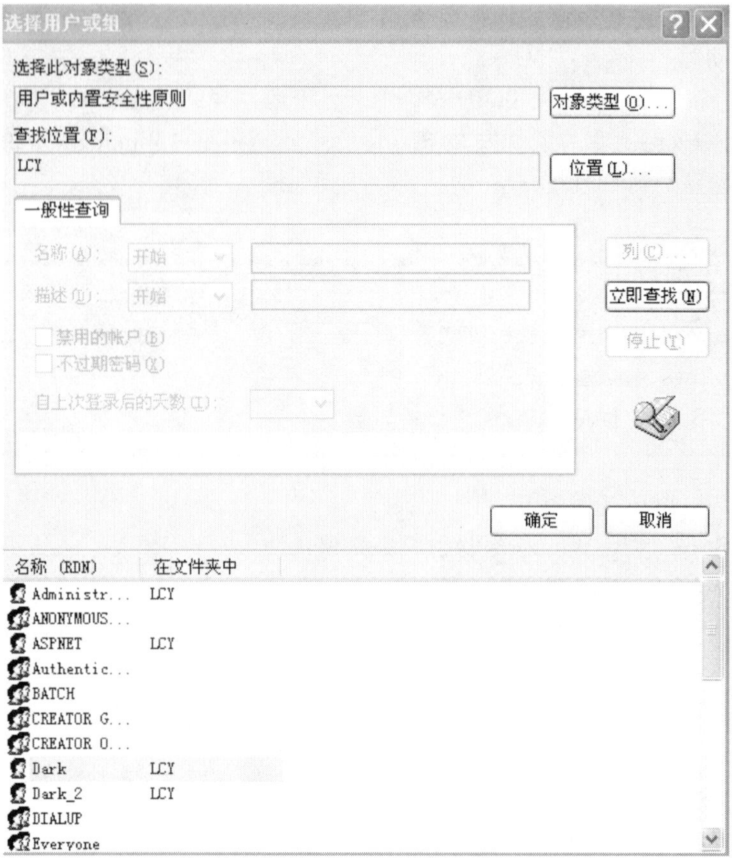

图 7-5 选择 Dark 用户

【步骤 3】注销电脑，以 Dark 登录 Windows，以“Windows 身份验证”登录 SQL Server 2008，这时我们会发现，登录的用户变成了 LCY \ Dark，在此 LCY 是计算机名，而 Dark 就是我们刚刚新建的 Windows 用户，如图 7-6 所示。

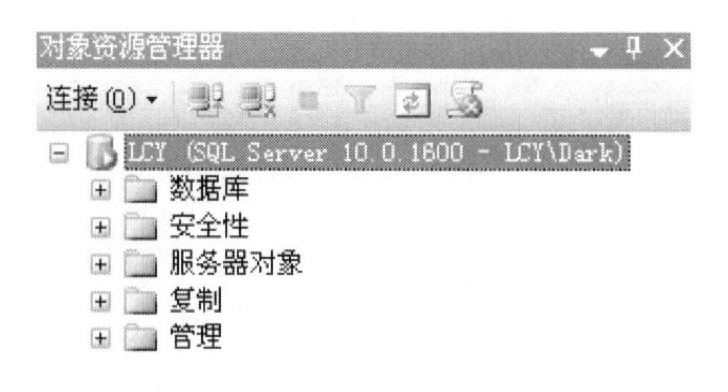

图 7-6 Dark 登录 SQL Server 2008

3. 创建 SQL Server 账户登录

除了可以创建 Windows 用户来登录 SQL Server 外，我们还可以创建 SQL Server 账户来登录。

任务 7.3 创建一个 SQL Server 登录账户 Jerry，并且利用此账户登录到 SQL Server 中。

【步骤 1】进入 SQL Server 2008，在“安全性”下的“登录名”上右击，出现“新

建登录名”对话框，在此用户名输入“Jerry”，将身份验证模式修改为“SQL Server身份验证”，并且设置密码为“123”，去掉“强制实施密码策略”，如图7-7所示。

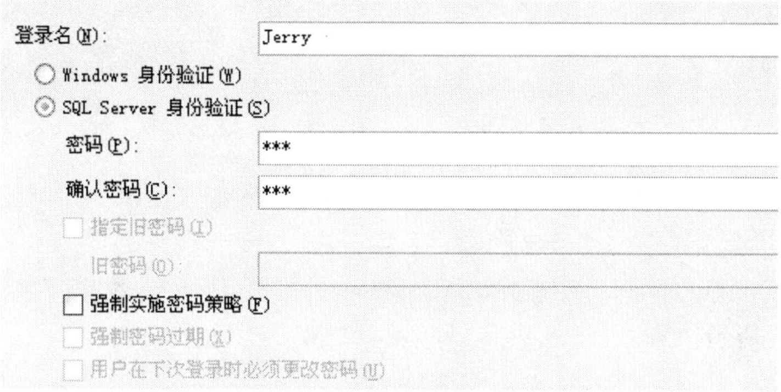

登录名(N): Jerry
Windows 身份验证(W)
SQL Server 身份验证(S)
密码(P): ***
确认密码(C): ***
指定旧密码(I)
旧密码(O):
强制实施密码策略(F)
强制密码过期(X)
用户在下次登录时必须更改密码(U)

图7-7　创建登录账户Jerry

【步骤2】将SQL Server的登录模式修改为“SQL Server和Windows身份验证模式”。

【步骤3】新建一个连接，以Jerry登录SQL Server 2008，登录后发现当前的登录账户变为Jerry，如图7-8所示。

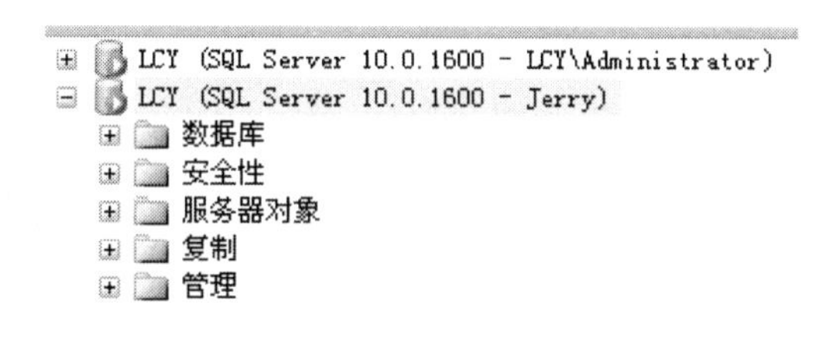

图7-8　Jerry登录到SQL Server

4. 创建数据库用户

前面介绍了Windows账户和SQL Server账户的创建方法，这两种账户都属于登录账户，只是用来登录SQL Server。使用登录账户登录SQL Server后，如果想要访问数据库，则还需要为该账户映射一个或多个数据库用户。

任务7.4　为职工信息数据库创建一个用户Jerry，对应的登录名就是在任务7.3中创建的登录名Jerry。

【步骤1】以Jerry登录到SQL Server 2008，尝试打开factory数据库，结果提示无法打开，如图7-9所示。

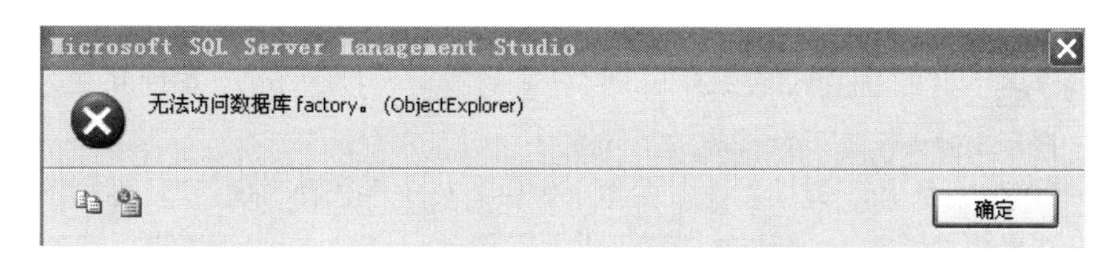

图7-9　以Jerry登录SQL Server无法打开factory数据库

【步骤 2】以 Windows 管理员登录 SQL Server，为 factory 创建一个数据库用户 Jerry，对应登录名 Jerry，如图 7-10 所示。

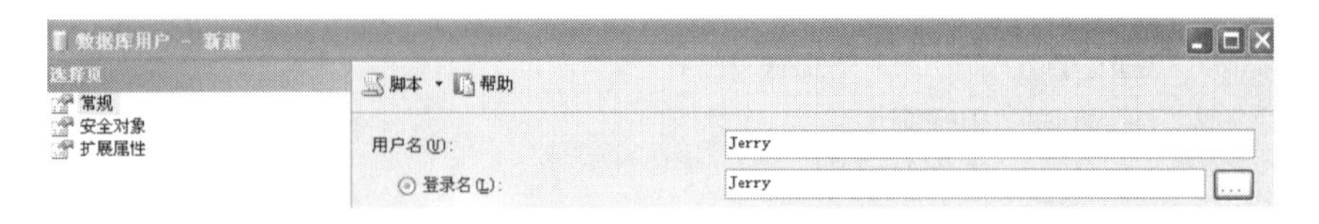

图 7-10　为 factory 数据库创建数据库用户 Jerry

【步骤 3】重新以 Jerry 登录到 SQL Server，打开 factory 数据库，发现可以打开了，如图 7-11 所示。

图 7-11　数据库用户 Jerry 登录 SQL Server 打开 factory 数据库

在为 factory 数据库创建数据库用户 Jerry 后，我们发现以 Jerry 登录 SQL Server 可以打开 factory 数据库，但是同时我们也发现，用户 Jerry 由于没有什么权限，看不到数据库下面的表，这需要我们在后续的章节里进一步介绍。

7.1.2　权限管理

用户对数据库的访问以及对数据库对象的操作都体现在权限上，有什么样的权限，才能执行什么样的操作。权限对于数据库来说至关重要，它是访问权限设置中的最后一道安全措施，管理好权限是保证数据库安全的必要因素，权限用来控制用户如何访问数据库对象。

任务 7.5　设置 factory 数据库用户 Jerry 的权限，授予 Jerry 查询和插入 worker 的权限，授予 Jerry 查询 depart 表的权限。

【步骤 1】在 worker 表上右击，在弹出的快捷菜单中选择“属性”，再选择“权限”选项卡，搜索用户，将 Jerry 添加进来，并且设置他可以对 worker 表进行选择（查询）和插入操作，如图 7-12 所示。

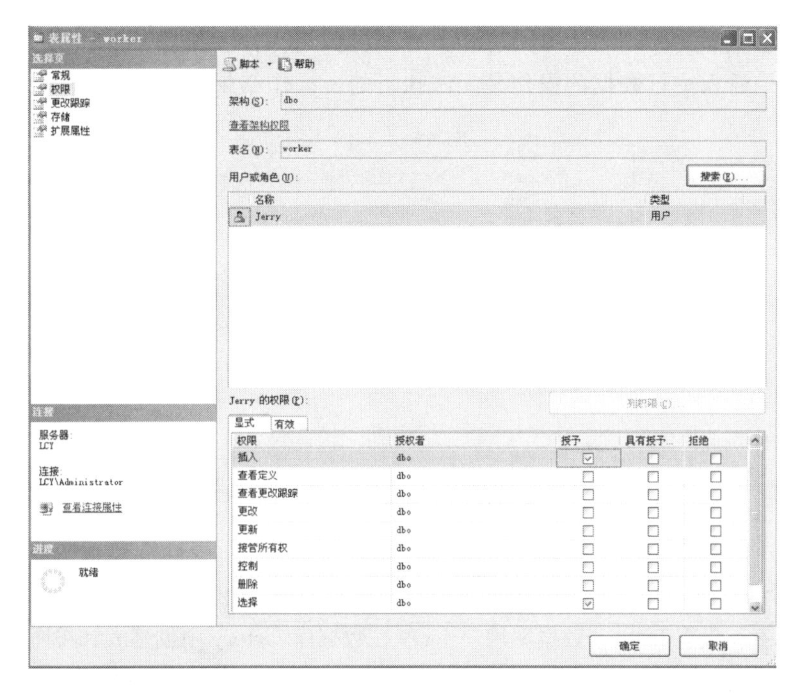

图 7-12　设置数据库用户 Jerry 对 worker 表进行插入和查询（选择）操作的权限

【步骤 2】以同样的方式设置 Jerry 对 depart 表可以进行查询操作。

【步骤 3】新建一个连接，以 Jerry 登录到 SQL Server 2008，展开 factory 数据库下的表，我们发现这次可以看到两个表，如图 7-13 所示。在图 7-11 中由于没有授予任何权限，所以当时展开时是看不见任何表的。

图 7-13　以 Jerry 登录打开 factory 数据库

【步骤 3】打开 worker 表，并且插入一行数据，我们顺利地完成了此操作，操作结果如图 7-14 所示。

wid	wname	wsex	wbirthdate	wparty	wjobdate	depid
001	孙华	男	1952-01-03	是	1970-10-10	1
002	孙天奇	女	1965-03-10	是	1987-07-10	2
003	陈明	男	1945-05-08	否	1965-01-01	2
004	李华	女	1956-08-07	否	1983-07-20	3
005	余慧	女	1980-12-04	否	2007-10-02	3
006	欧阳少兵	男	1971-12-09	是	1992-07-20	3
007	程西	女	1980-06-10	否	2007-10-02	1
008	张旗	男	1980-11-10	否	2007-10-02	2
009	刘夫文	男	1942-01-11	否	1960-08-10	2
010	刘一	男	NULL	NULL	NULL	NULL

图 7-14　Jerry 打开 worker 表并插入一行数据

【步骤 4】打开 depart 表，并且插入一行数据，我们发现我们可以看到 depart 表中的数据，但是插入一行数据的操作是无法执行的，操作结果如图 7-15 所示。

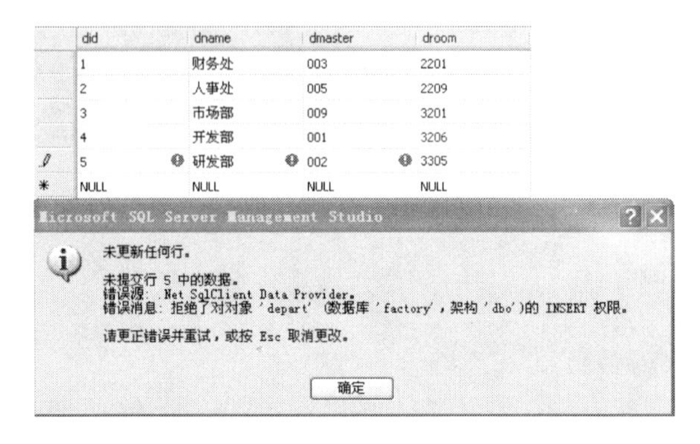

图 7-15 Jerry 打开 depart 表并插入一行数据

在步骤 4 的操作中由于我们没有给 Jerry 授予对 depart 表插入的权限，所以该操作无法执行，SQL Server 也同时提示我们 Jerry 没有相应的 insert 权限。

任务 7.6 设置 factory 数据库用户 Jerry 在数据库 factory 中创建表和视图的权限。

【步骤 1】以 Jerry 登录到 factory 数据库中，尝试创建表，结果提示没有权限，如图 7-16 所示。

【步骤 2】以管理员用户登录到 factory 数据库中，设置 Jerry 有权在该数据库下建表，具体的方式为：在 factory 数据库右击，在弹出快捷菜单中选择“属性”，单击“权限”标签，设置 Jerry 可以创建表，具体如图 7-17 所示。

图 7-16 Jerry 在 factory 数据库下建表

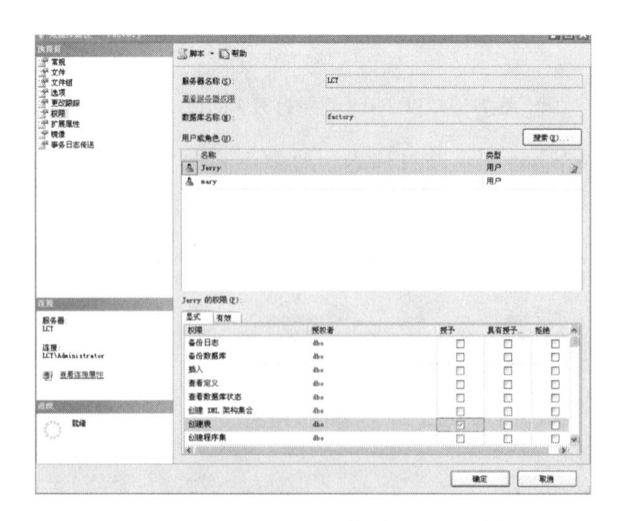

图 7-17 设置 Jerry 可以创建表

【步骤 3】以 Jerry 登录到 SQL Server，尝试在 factory 数据库下创建表，发现还是没有办法创建表，此时，我们设置 Jerry 数据库角色成员为 db_owner，如图 7-18 所示。

数据库角色成员身份(M):

角色成员
☐ db_datareader
☐ db_datawriter
☐ db_ddladmin
☐ db_denydatareader
☐ db_denydatawriter
☑ db_owner

图 7-18　设置 Jerry 的属性

【步骤 4】以 Jerry 登录到 SQL Server 新建表，这下可以了。

【步骤 5】在数据库的“属性”选项卡，设置拒绝 Jerry 建表的权限，再以 Jerry 建表试一下，又不可以了。虽然 Jerry 是 db _owner，但是拒绝权限最高，所以 Jerry 没有建表的权限。

任务 7.7　用 SQL 语句来设置 Jerry 对 worker 表和 depart 表的操作权限。在本次操作前，若已经执行过任务 7.6，则先将 Jerry 的 db_owner 角色属性去掉。

【步骤 1】以管理员登录到 SQL Server 2008，新建一个查询，执行以下的 SQL 语句：

```
grant select on worker to Jerry;
deny delete on worker to Jerry;
grant select on depart to Jerry;
grant delete on depart to Jerry;
```

【步骤 2】以 Jerry 登录到 SQL Server 2008，新建一个查询，分别执行以下 SQL 语句：

```
select *  from worker;
delete from worker where wid='010';
select *  from depart;
delete from depart where did='5';
```

其他语句都可以顺利运行，只有在执行到第二条语句时，提示没有权限，如图7-19 所示。

消息

消息 229，级别 14，状态 5，第 1 行
拒绝了对对象 'worker' (数据库 'factory'，架构 'dbo')的 DELETE 权限。

图 7-19　Jerry 执行第二条语句时的提示

【步骤 3】再以管理员登录到 SQL Server 2008，执行以下的 SQL 语句：

```
grand delete on worker to Jerry;
```

【步骤 4】再以 Jerry 登录到 SQL Server 2008，执行以下 SQL 语句：

```
delete from worker where wid='010';
```

这次可以顺利执行了。

【步骤 5】再以管理员登录到 SQL Server 2008，执行以下的 SQL 语句：

```
revoke delete on worker from Jerry;
```

【步骤 6】再次执行步骤 4 的语句，发现 Jerry 的权限已被收回。

任务 7.8 用 SQL 语句来设置 Jerry 在数据库中建表的权限。

【步骤 1】以管理员登录到 SQL Server 2008，设置 Jerry 为 db_owner，并执行以下的 SQL 语句：

```
revoke create table from Jerry;
```

【步骤 2】以 Jerry 登录 SQL Server 2008，创建表保存成功。因为虽然收回了 Jerry 建表的权限，但他是 db_owner，所以可以创建表。

【步骤 3】以管理员登录到 SQL Server 2008，执行以下的 SQL 语句：

```
deny create table to Jerry;
```

【步骤 4】以 Jerry 登录 SQL Server 2008，创建表保存不成功。

【步骤 5】以管理员登录到 SQL Server 2008，执行以下的 SQL 语句：

```
grant create table to Jerry;
```

【步骤 6】以 Jerry 登录 SQL Server 2008，创建表保存成功。

知识点

权限管理的 SQL 语句如下。

1. grant 语句：授权语句，可以给安全主体授予访问对象和创建对象的权限，具体的语句格式如下所示。

grant 创建对象的权限 to 用户（或角色）

grant 权限 on 对象 to 用户（或角色）

2. deny 语句：拒绝权限，可以显式地拒绝安全主体使用某项权限，无论安全主体是否从其他途径获得了该项权限，经 deny 拒绝后，安全主体就无法使用该项权限，具体的语句格式如下所示。

deny 创建对象的权限 to 用户（或角色）

deny 权限 on 对象 to 用户（或角色）

3. revoke 语句：该语句一方面可以撤销 grant 给用户或角色授予的权限，另一方面还可以撤销 deny 语句对用户或角色的拒绝，但是用户或角色通过其他途径获得的权限不会被取消，具体的语句格式如下所示。

revoke 创建对象的权限 from 用户（或角色）

revoke 权限 on 对象 from 用户（或角色）

7.1.3　数据库角色管理

在7.1.2节讲到新创建的数据库用户要访问数据库，必须通过对数据库用户进行权限设置来实现。对数据库用户设置权限我们可以直接对用户授权，如7.1.2节所介绍的；也可以使用数据库角色，其实在该节有过简单的操作，比如将Jerry设置为db_owner，这里的db_owner就是一种数据库角色，是数据库的所有者，在此不再重复。这里介绍SQL Server 2008提供的9种固定数据库角色。

(1) db_accessadmin：可建立和管理数据库用户。

(2) db_backupoperator：可执行数据库备份操作。

(3) db_dbreader：可以从数据库中读取表中的数据。

(4) db_datawriter：可以对数据库的表执行写的操作，如添加、修改和删除数据。

(5) db_ddladmin：可以在数据库中执行DDL语句，即可以创建、修改、删除数据库对象，如数据表、视图、存储过程等。

(6) db_denydatareader：拒绝读取数据库中的数据，无论用户是否通过其他途径获取了数据读取的操作权限。

(7) db_denydatawrite：拒绝对数据库中数据执行写的操作，无论用户是否通过其他途径获取了数据写入的操作权限。

(8) db_owner：数据库的所有者，可以在数据库中执行所有操作，dbo用户是其中的成员。

(9) db_securityadmin：可以管理数据库角色及角色中的成员，也可以管理权限。

以上是固定的数据库角色，如果在实际操作中固定的数据库角色无法满足对用户权限管理的需要，可以通过新建自定义数据库角色，来创建更多的数据库角色。创建自定义数据库角色时，需要先给角色设置权限，然后将用户添加到该角色中。

任务7.9　创建自定义数据库角色。

【步骤1】在factory数据库的"安全性"节点下的"角色"上右击，在弹出的快捷菜单中选择"新建"｜"新建数据库角色"，如图7-20所示。

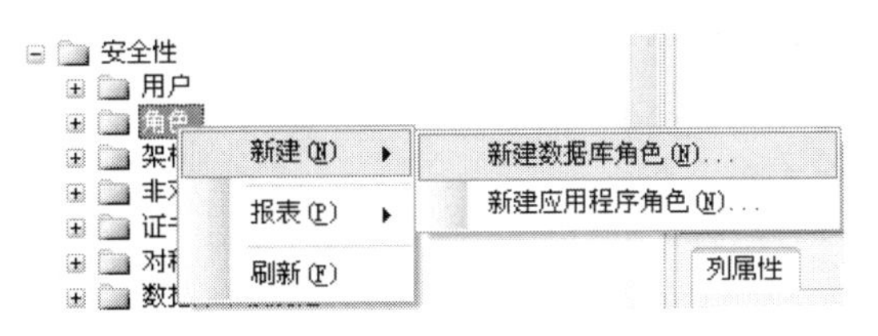

图7-20　新建数据库角色

【步骤2】在弹出的对话框中输入数据库角色的名称"factoryrole1"，设置所有者为"dbo"，如图7-21所示。

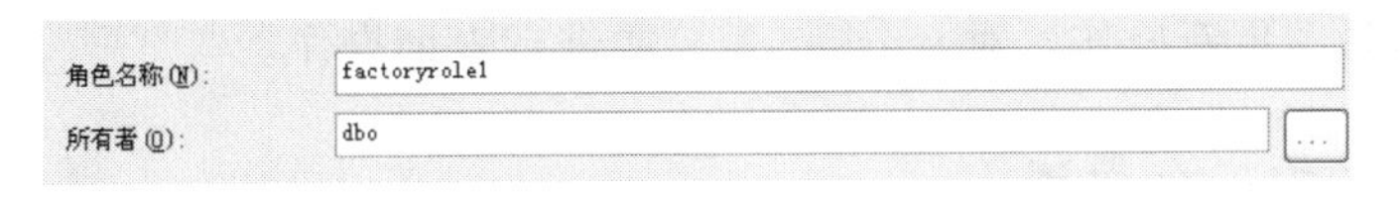

图7-21　设置数据库角色的名称和所有者

【步骤 3】设置数据库的安全对象为数据库下的 worker 表和 depart 表，如图 7-22 所示。

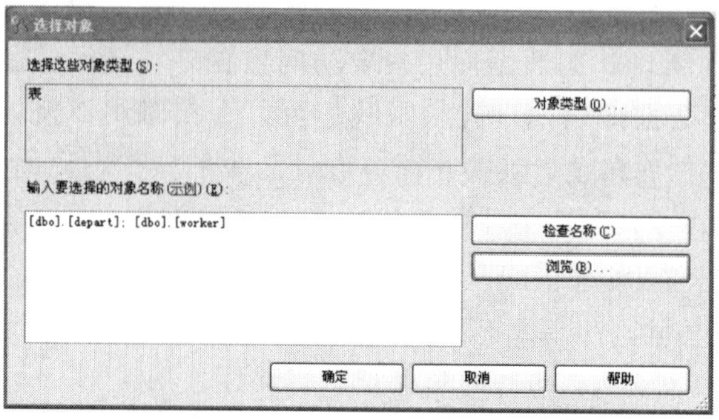

选择对象
选择这些对象类型(S):
表
对象类型(O)...
输入要选择的对象名称(示例)(E):
[dbo].[depart]; [dbo].[worker]
检查名称(C)
浏览(B)...
确定 取消 帮助

图 7-22　设置数据库角色的安全对象

【步骤 4】设置该角色能够对 depart 表进行查询、插入、删除、更新操作，能够对 worker 表进行查询操作。

【步骤 5】新建数据库用户 Jack，对应的 SQL Server 登录名也是 Jack，以 Jack 登录 SQL Server 打开 factory 数据库，发现此用户看不到任何表。

【步骤 6】利用管理员再次登录 SQL Server，为数据库角色 factoryrole1 增加成员 Jack，如图 7-23 所示。

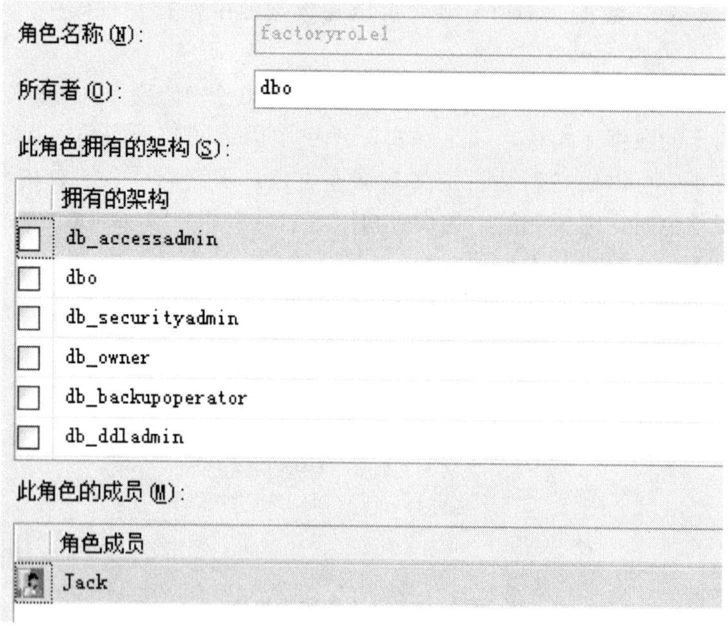

角色名称(N): factoryrole1
所有者(O): dbo
此角色拥有的架构(S):
拥有的架构
db_accessadmin
dbo
db_securityadmin
db_owner
db_backupoperator
db_ddladmin
此角色的成员(M):
角色成员
Jack

图 7-23　为数据库角色 factoryrole1 增加成员 Jack

【步骤 7】再次以 Jack 登录 SQL Server，测试发现此用户可以对 depart 表进行查询、插入、删除、更新操作，对 worker 表只能进行查询操作。

7.1.4　架构安全管理

架构是 SQL Server 2005 版本开始引进的一项新特征，其主要作用是将多个数据

库对象归属到架构中，以解决用户与对象之间因从属关系而引起的管理问题。例如，当数据库中对象较多，如有多达几百个数据表和视图，并且需要将这些表和视图分成多个组并由不同用户分别管理和使用时，使用架构就可以很好地简化管理的复杂性。

SQL Server 2000 及以前版本在数据管理中，数据表等对象从属于用户，如果要删除用户时，需要先将该用户下的对象删除或移动到其他用户，这在对象数量较多的场合中效率是非常低下的。使用架构，可以先将数据较多的对象归属到数量较少的架构中，架构再归属到用户，这样只需要移动少量架构就可以解决大量数据库对象的归属问题。因此，架构也类似于文件系统中的文件夹，作为一种容器可以保存和放置下层对象。

任务 7.10 创建架构，并对架构进行管理。

【步骤 1】展开 factory 数据库下的安全性，新建一个架构，起名为 fac_order，所有者为 Jerry，如图 7-24 所示。

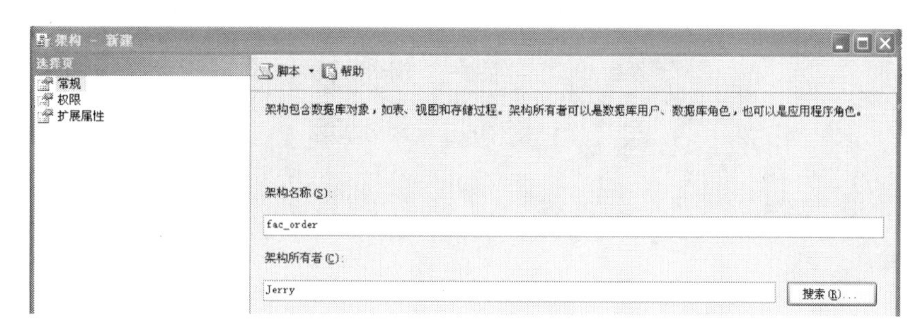

图 7-24 创建架构

【步骤 2】将 factory 数据库下的 woker 表添加到刚刚创建的 fac_order 架构中来，方法是右击设计 worker 表，在“属性”面板中将架构修改为 fac_order，如图 7-25 所示。

图 7-25 在架构中添加对象

【步骤 3】修改后，对表结构进行保存，在 factory 数据库下发现 worker 表的前缀已被更新为 fac_order，如图 7-26 所示，表明该表已添加到架构 fac_order 中。

图 7-26　在架构中添加对象

【步骤 4】设置架构的权限，双击架构 fac_order，在权限中将用户 Mary 添加进来，然后设置对该数据库表的查看权限为“拒绝”，如图 7-27 所示。

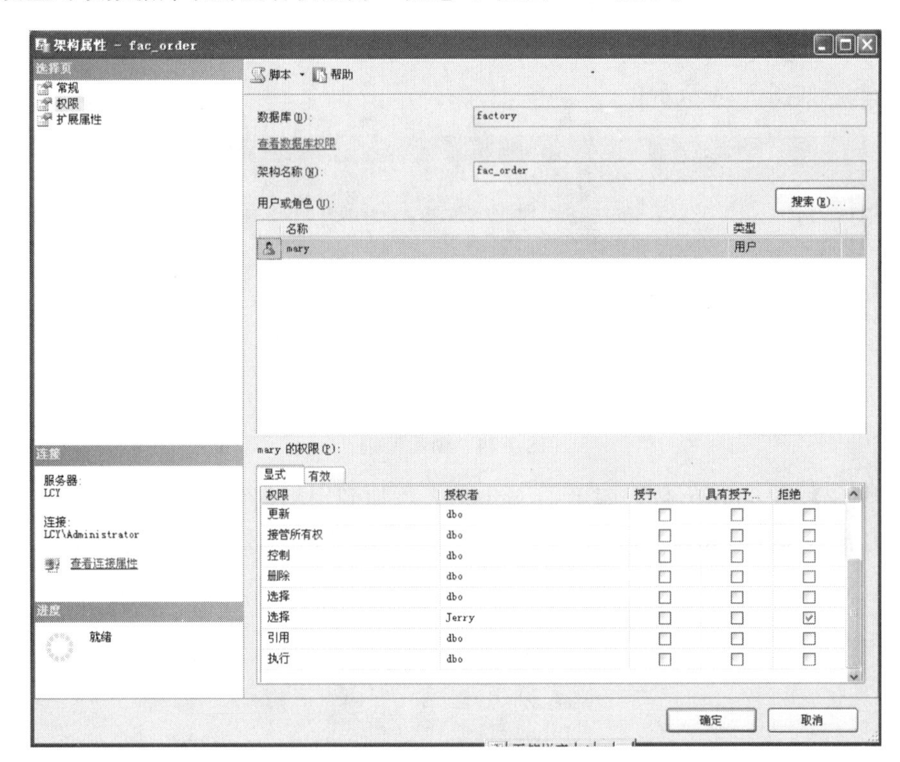

图 7-27　设置架构权限

此时，用户 Mary 访问架构 fac_order 内的数据表时没有查看的权限。

7.2　备份和还原数据库

在数据库应用系统的实际运行过程中，会存在各种可能造成数据库损坏的故障，如人为的误操作、刻意的破坏以及计算机软/硬件的故障，甚至还有各种不可阻挡的自然灾害，如地震、洪涝等，都可能导致数据库中数据丢失、不可用等故障。由于破坏数据库的意外事件具有不可确定性，破坏程度也往往很难评估，如小型的人为

误操作可能只是损坏部分数据，而大型的自然灾害可能会破坏物理设备和建筑设施。为了使备份具有较高的安全性，应该将备份与现行数据库系统分置管理，如将备份保存于其他地区，并且每次备份应生成多份备份，分别保存。SQL Server 2008 提供了强大和易用的备份与还原功能，为用户灵活高效地实现数据的备份和还原提供了解决的办法。

7.2.1 创建备份设备

备份设备是指 SQL Server 数据库备份存放的介质。在 SQL Server 2008 中备份设备可以是硬盘，也可以是磁带。当使用硬盘作为备份设备时，备份设备实质上就是指备份存放在物理硬盘上的文件。

备份设备可以分为两种：临时备份设备和永久备份设备。临时备份设备是指在备份过程中产生的备份文件，一般不做长久使用。永久备份设备是为了重复使用，特意在 SQL Server 中创建的备份文件，通过 SQL Server 可以在永久备份设备中添加新的备份和对已有的备份进行管理。

任务 7.11 新建一个备份设备 factbak1，对应“D：\bak\ factbak1. bak”。

【步骤 1】展开服务器对象，在“备份设备”上右击，在弹出的快捷菜单中选择“新建备份设备”，在出现的“新建备份设备”对话框中，输入备份设备的名称和备份设备所对应的物理文件名，如图 7-28 所示。在此要确认在 D 盘根目录下有 bak 这个文件夹，如果没有，则创建这个文件夹。

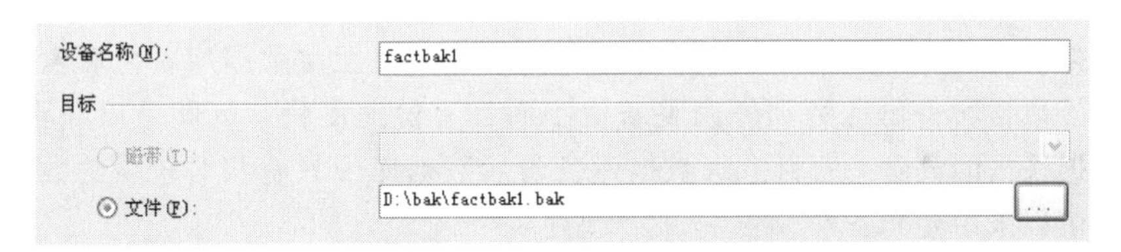

图 7-28 设置备份设备名称和物理文件

【步骤 2】完成如图 7-28 所示的设置后，单击“确定”，备份设备就创建成功了，如图 7-29 所示。

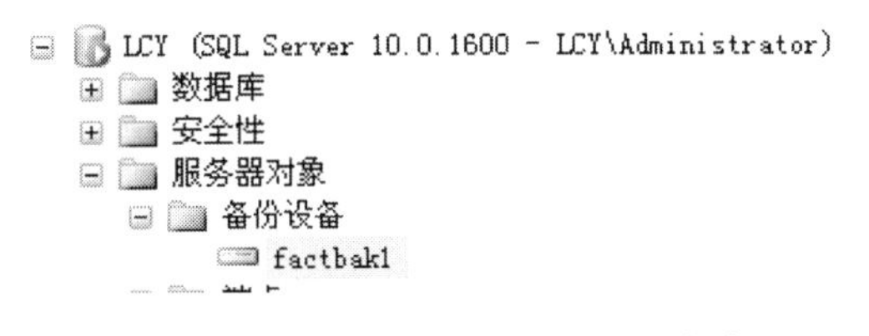

图 7-29 备份设备 factbak1 创建成功

【步骤 3】右击这个“备份设备”，在弹出的快捷菜单中选择“属性”，查看媒体内容，由于没有进行过备份，所以当前无内容，打开 D 盘下的 bak 文件夹，发现该文件夹下也没有内容，这同样是因为没有备份过。

任务 7.12 利用 SQL 语句新建一个备份设备 factbak2，对应“D:\bak\ factbak2. bak”。

语句如下：

```
use master
exec sp_addumpdevice 'disk','factbak2','d:\bak\factbak2.bak'
```

在查询中，运行以上的语句后，备份设备 factbak2 就创建完成了，刷新备份设备，发现刚刚创建的备份设备 factbak2 也有了，如图 7-30 所示。

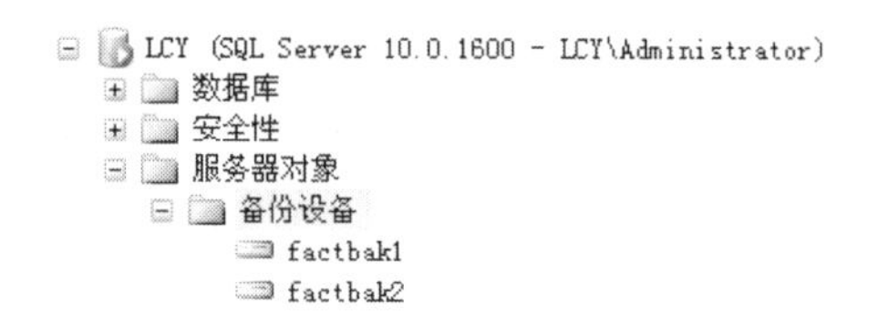

图 7-30　备份设备 factbak2 创建成功

7.2.2　备份数据库

1. 备份的种类

备份的目的是为了更好更快地恢复受损的数据，SQL Server 提供了 4 种不同的备份方案，以使用户能根据具体情况作出相应的选择。

(1) 数据库完整备份。数据库的完整备份就是将当前数据库的所有数据进行备份，只对数据进行备份，不包括对日志进行备份。其特点是可以通过还原数据库，只用一步即可完成从数据库备份中恢复整个数据库。

(2) 数据库差异备份。数据库的差异备份只记录自上次数据库备份后发生更改的数据。差异数据库备份比数据库完整备份小而且备份速度快，因此可以经常地备份，以减少数据丢失的危险。若自上次数据库备份后数据库中只有相对较少的数据发生了更改，则可以采用差异备份。

(3) 事务日志备份。事务日志是自上次备份事务日志后对数据库执行的所有事务的一系列记录。可以使用事务日志备份将数据库恢复到特定的时间点或恢复到故障点。一般情况下，事务日志备份比数据库完整备份使用的资源少。因此可以比数据库完整备份更经常地创建事务日志备份，不过该种备份的恢复比较麻烦。

(4) 文件和文件组备份。使用该方案可以备份和还原数据库中的个别文件。这样就可以只还原已损坏的文件，而不用还原数据库的其余部分，从而加快了恢复速度。例如，如果数据库由几个在物理上位于不同磁盘上的文件组成，当其中一个磁盘发生故障时，那么只需还原发生了故障的磁盘上的文件。

2. 数据库故障还原模型

数据库的故障还原模型主要有以下几种：

(1) 简单还原模型。如果数据库被设为简单还原模型，则该数据库只能进行数据库完整备份和差异备份。

(2) 完整还原模型。如果数据库被设为完整还原模型，则该数据库可以进行以上 4 种备份种类的任意一种。

(3) 大容量日志记录的还原模型。该还原模型类似于完整还原模型，但比完整还

原模型节省空间。

3. 备份的执行方案

建议在执行备份数据时使用如下过程。

（1）创建定期的数据库完整备份。

（2）在每个数据库完整备份之间定期创建差异数据库备份（备份的间隔视数据量的大小而定，例如对于高度活动的系统，可以每隔几个小时备份一次）。

（3）对于使用完整恢复模型或大容量日志记录恢复模型，则创建事务日志备份的频率比差异数据库备份大，如间隔为30秒。

4. 执行备份

任务7.13　将factory数据库备份到“D:\bak\factory.bak”文件中。

【步骤1】在factory数据库上右击，如图7-31所示，在弹出的快捷菜单中选择“任务”｜“备份”。

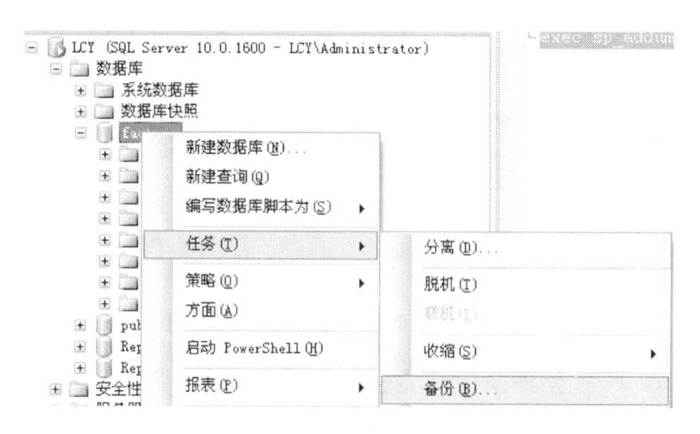

图7-31　对factory数据库执行备份

【步骤2】在弹出的“备份数据库”对话框中，设置数据库为factory，备份类型为“完整”，备份的目标为“D:\bak\factory.bak”，如图7-32所示。

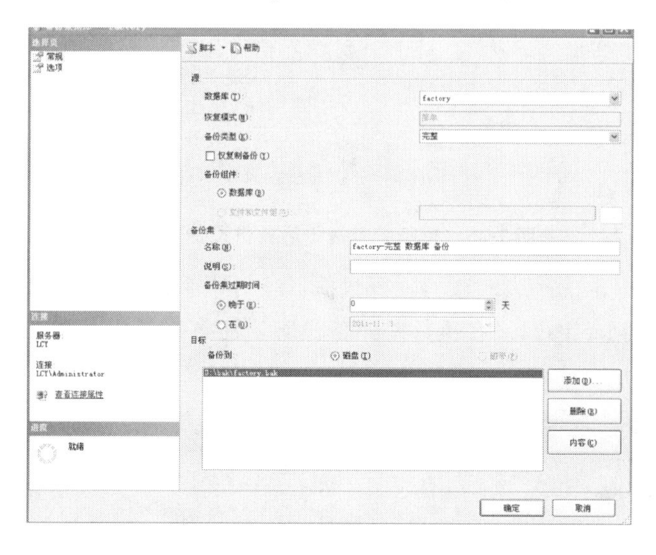

图7-32　对factory数据库执行备份时的设置

【步骤 3】单击“确定”，执行数据库备份。备份成功后会提示如图 7-33 所示的对话框。打开 D 盘下的 bak 文件夹，发现生成了 factory. bak 文件，证明备份成功了。利用这种方式生成的备份文件是一个临时备份设备。

图 7-33 factory 数据库备份成功

任务 7.14 按以下操作步骤对 factory 数据库执行数据库的完整备份、差异备份和事务日志备份。

【步骤 1】将 factory 数据库的故障恢复模型修改为“完整”，具体的操作方法是右击 factory 数据库，在弹出的快捷菜单中选择“属性”，在“选项”选项卡中进行设置，如图 7-34 所示。

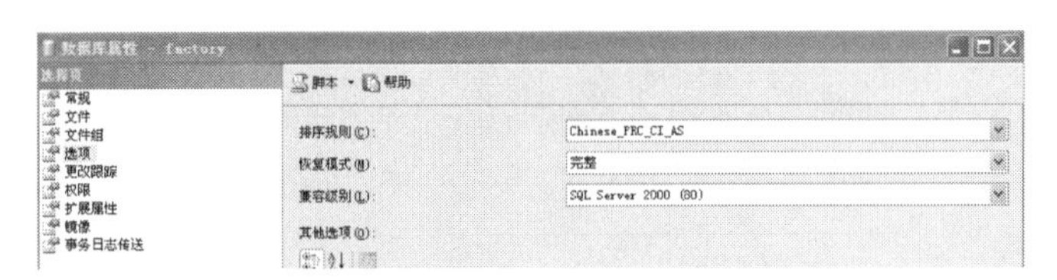

图 7-34 设置 factory 数据库的故障恢复模型为“完整”

【步骤 2】对 factory 数据库执行“完整”数据库备份到备份设备 factbak1，成功执行后查看 factbak1 备份设备的媒体内容，发现里面增加了一条备份的信息，如图 7-35 所示。

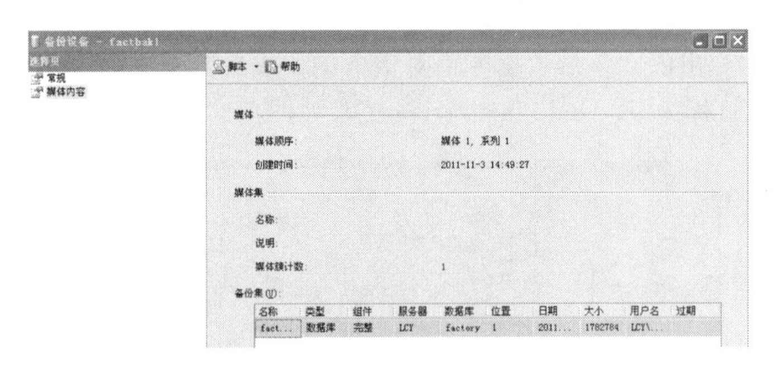

图 7-35 执行完整备份后备份设备的内容

【步骤 3】打开 depart 表，添加一行数据：‘5’，‘企划部’，‘002’，‘3305’。执行差异数据库备份到 factbak1。在执行差异备份时，注意将备份类型选择“差异”，如图 7-36 所示。

图 7-36 设置备份类型为“差异”

【步骤4】查看备份设备 factbak1，发现又多了一条备份信息，如图 7-37 所示。

备份集(U):

名称	类型	组件	服务器	数据库	位置	日期	大小	用户名	过期
fact...	数据库	完整	LCY	factory	1	2011...	1782784	LCY\...	
fact...	数据库	差异	LCY	factory	2	2011...	864256	LCY\...	

图 7-37　执行差异备份后备份设备的媒体内容

【步骤5】将 salary 表删除，执行数据库的事务日志备份。执行完成后，查看备份设备媒体内容，发现当前共有 3 条数据库备份的信息，如图 7-38 所示。

备份集(U):

名称	类型	组件	服务器	数据库	位置	日期	大小
factory-完整 数据库 备份	数据库	完整	LCY	factory	1	2011...	1782784
factory-差异 数据库 备份	数据库	差异	LCY	factory	2	2011...	864256
factory-事务日志　备份		事务...	LCY	factory	3	2011...	75776

图 7-38　执行事务日志备份后备份设备的媒体内容

任务 7.15　将任务 7.14 中的备份操作利用 SQL 语句来完成，并且将数据库备份到备份设备 factbak2 中，注意在执行 SQL 语句之前，要将 factory 数据库重新附加一下，恢复到任务 7.15 执行前的状态，并且将数据库的故障恢复模型设为“完整”。

语句如下：

```
use factory
--完整数据库备份
backup database factory to factbak2 with name='完整数据库备份'
go
--差异数据库备份
insert into depart values('5','企划部','002','3305')
go
backup database factory to factbak2 with differential, name='差异数据库
备份'
go
--事务日志备份
drop table salary
backup log factory to factbak2 with name='事务日志备份'
go
```

执行以上的 SQL 语句后，会给出数据库备份的相关消息，如图 7-39 所示。

消息

```
已为数据库 'factory'，文件 'factory_Data' (位于文件 8 上)处理了 208 页。
已为数据库 'factory'，文件 'factory_Log' (位于文件 8 上)处理了 2 页。
BACKUP DATABASE 成功处理了 210 页，花费 0.171 秒(9.560 MB/秒)。

(1 行受影响)
已为数据库 'factory'，文件 'factory_Data' (位于文件 9 上)处理了 48 页。
已为数据库 'factory'，文件 'factory_Log' (位于文件 9 上)处理了 2 页。
BACKUP DATABASE WITH DIFFERENTIAL 成功处理了 50 页，花费 0.199 秒(1.928 MB/秒)。
已为数据库 'factory'，文件 'factory_Log' (位于文件 10 上)处理了 5 页。
BACKUP LOG 成功处理了 5 页，花费 0.070 秒(0.481 MB/秒)。
```

图 7-39　正确执行 SQL 语句以后的提示信息

打开备份设备 factbak2 的媒体内容，发现 3 条备份信息已经存在，如图 7-40 所示，证明利用 SQL 语句的备份已经成功完成。

备份集(U):

名称	类型	组件	服务器	数据库	位置	日期	大小	用户名
完整数据库备份	数据库	完整	LCY	factory	1	2011...	1782784	LCY\...
差异数据库备份	数据库	差异	LCY	factory	2	2011...	471040	LCY\...
事务日志备份		事务...	LCY	factory	3	2011...	75776	LCY\...

图 7-40　正确执行 SQL 语句以后的备份设备的媒体内容

知识点

备份数据库的 SQL 语句如下。

1. 创建备份设备的 SQL 语句：

sp_addumpdevice‘备份设备类型’,‘备份设备名称’,‘物理文件名’

2. 完整数据库备份的 SQL 语句：

backup database 数据库名 to 备份设备名 with name=‘此次备份的名称’

3. 差异数据库备份的 SQL 语句，此处的 with differential‘表示差异数据库备份’：

backup database 数据库名 to 备份设备名 with differential，name=‘此次备份的名称’

4. 事务日志备份的 SQL 语句：

backup log 数据库名 to 备份设备名 with name=‘此次备份的名称’

7.2.3　还原数据库

对数据库执行备份是为了在数据遭受破坏时能够进行还原，以使数据库应用系统可以继续运行，因此，还原是数据库备份的主要目的。对于数据库的还原操作，必须结合数据库的备份策略。如在备份时采用了完整备份、差异备份和事务日志备份 3 种方式组合的备份方式，在还原时也需要将 3 种备份源相结合进行还原。

任务 7.16　将“D:\bak\factory. bak”备份文件中的内容进行还原。

【步骤 1】删除当前的 factory 数据库。

【步骤 2】在“数据库”上右击，在弹出的快捷菜单中选择“还原数据库”，如图 7-41 所示。

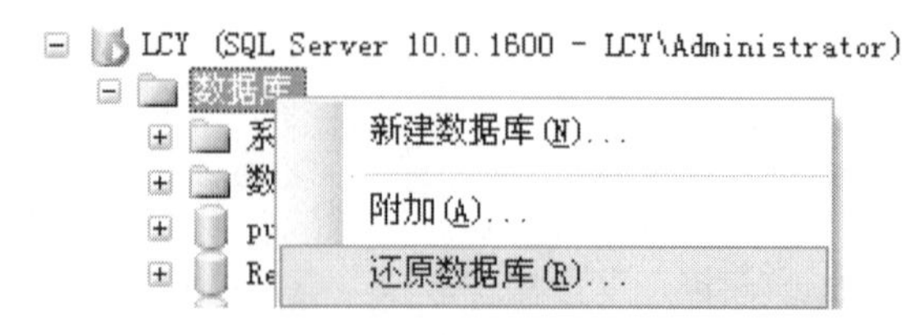

图 7-41　“还原数据库”菜单

【步骤 3】设置“还原数据库”对话框，目标数据库为 factory，还原备份集的源和

位置选择“源设备”，并且选“文件”，位置在“D:\bak\factory.bak”，具体的设置如图 7-42 所示。

还原的目标

为还原操作选择现有数据库的名称或键入新数据库名称。

目标数据库(O): factory

目标时间点(T): 最近状态

还原的源

指定用于还原的备份集的源和位置。

○ 源数据库(R):

⊙ 源设备(D): D:\bak\factory.bak

选择用于还原的备份集(E):

还原	名称	组件	类型	服务器	数据库	位置	第一个 LSN	最后一个 LSN
☑	factory-完整 数据库 备份	数据库	完整	LCY	factory	1	31000000018600036	310000000204

图 7-42　设置“还原数据库”对话框

【步骤 4】单击“确定”，显示数据库还原成功，展开 SQL Server 2008 的数据库节点，发现该数据库已被成功还原。

任务 7.17　将备份设备 factbak1 中的内容进行还原。首先我们回忆一下在任务 7.14 中进行了三次数据库备份，分别为完整数据库备份、差异数据库备份和事务日志备份。并且在完整数据库备份和差异数据库备份后对数据库中的数据进行了改变操作，具体的操作我们可以再仔细看一下任务 7.14。

【步骤 1】删除当前的 factory 数据库。

【步骤 2】在“数据库”上右击，在弹出的快捷菜单中选择“还原数据库”，还原到完整数据库备份的状态，具体设置如图 7-43 所示。在“指定用于还原的备份集的源和位置”这一项中，设置“源设备”为备份设备 factbak1，并且选择还原的备份集为第 1 项：完整 数据库 备份。

还原的目标

为还原操作选择现有数据库的名称或键入新数据库名称。

目标数据库(O): factory

目标时间点(T): 最近状态

还原的源

指定用于还原的备份集的源和位置。

○ 源数据库(R):

⊙ 源设备(D): factbak1

选择用于还原的备份集(E):

还原	名称	组件	类型	服务器	数据库	位置	第一个 LSN	最
☑	factory-完整 数据库 备份	数据库	完整	LCY	factory	1	31000000022400036	310
☐	factory-差异 数据库 备份	数据库	差异	LCY	factory	2	31000000026600147	310
☐	factory-事务日志 备份		事务日志	LCY	factory	3	31000000022400036	310

图 7-43　设置“还原数据库”对话框的“常规”选项卡

【步骤3】单击“还原数据库”对话框的“选项”标签，因为下面还要继续还原，所以设置此次还原后的数据库为只读，如图7-44所示。

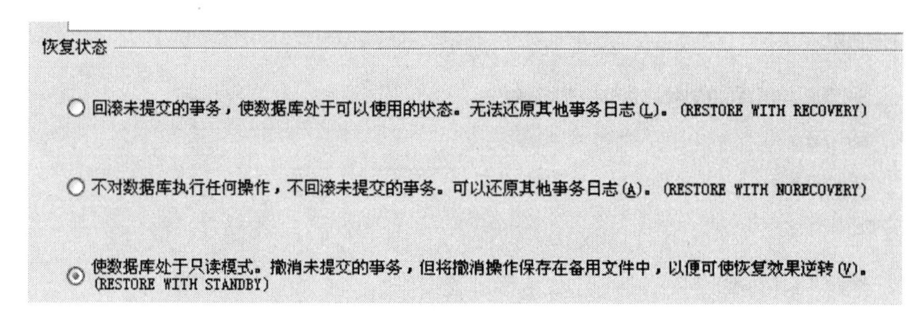

图7-44 设置“还原数据库”对话框的“选项”选项卡

【步骤4】单击“确定”，提示数据库还原成功，我们看一下此时factory数据库的状态为“备用/只读”，也就是不能对数据库执行修改操作，如图7-45所示。

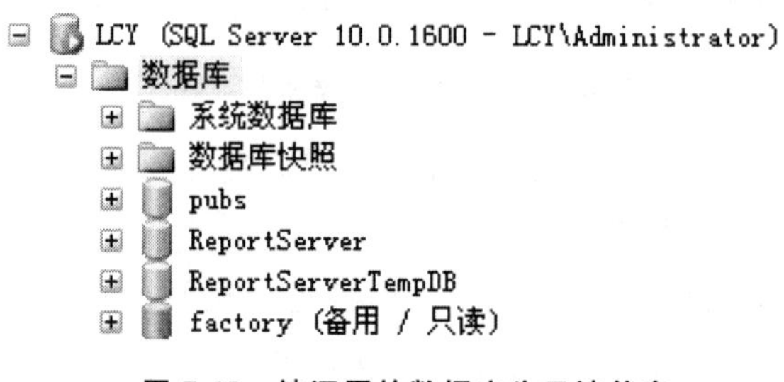

图7-45 被还原的数据库为只读状态

【步骤5】打开factory数据库，发现数据库下的3个表都存在，并且depart表中只有4行记录，也就是恢复到了对该数据库进行完整数据库备份后的状态。

【步骤6】在“数据库”上右击，在弹出的快捷菜单中选择“还原数据库”，还原到差异数据库备份的状态。注意，在还原的时候，备份集要选择“差异数据库备份”，并且设置还原后的数据库为只读，设置方式类似于步骤2和步骤3。如果在还原时提示数据库正在使用，可以重启SQL Server的服务。

【步骤7】打开数据库，当前的数据表为3张，打开depart表，发现记录变成为5行，也就是还原到了差异数据库备份的状态，depart表的内容如图7-46所示。

did	dname	dmaster	droom
1	财务处	003	2201
2	人事处	005	2209
3	市场部	009	3201
4	开发部	001	3206
5	企划部	002	3305

图7-46 还原到差异数据库备份状态后depart表的内容

【步骤8】在“数据库”上右击，在弹出的快捷菜单中选择“还原数据库”，还原到事务日志备份的状态，因为这是该数据库的最后一次备份，所以还原到这一步后数据库可以正常使用，此时在还原时无须选择“只读”。

【步骤9】打开 factory 数据库，发现该数据库的状态变为正常，并且在该数据库下只有两个数据表，也就是还原到了该数据库事务日志备份时的状态，如图 7-47 所示。

图 7-47　还原到事务日志备份状态

任务 7.17　利用 SQL 语句将备份设备 factbak2 中的内容进行还原。

语句如下：

```
use master
go
drop database factory
go
restore database factory from factbak2 with file= 1, norecovery
go
restore database factory from factbak2 with file= 2, norecovery
go
restore log factory from factbak2 with file= 3
go
use factory
go
select * from depart
go
```

执行以上语句后，分别对 factory 数据库进行 factbak2 备份文件第一个备份项（完整数据库备份）、第二个备份项（差异数据库备份）、第三个备份项（事务日志备份）进行还原，由于在前二个备份项进行还原后还要继续还原，所以设置前两个还原后的数据库是不可操作的，正确执行以上语句后的消息提示如图 7-48 所示。

结果　消息

```
已为数据库 'factory'，文件 'factory_Data' (位于文件 1 上)处理了 208 页。
已为数据库 'factory'，文件 'factory_Log' (位于文件 1 上)处理了 2 页。
RESTORE DATABASE 成功处理了 210 页，花费 0.243 秒(6.727 MB/秒)。
已为数据库 'factory'，文件 'factory_Data' (位于文件 2 上)处理了 48 页。
已为数据库 'factory'，文件 'factory_Log' (位于文件 2 上)处理了 2 页。
RESTORE DATABASE 成功处理了 50 页，花费 0.073 秒(5.257 MB/秒)。
已为数据库 'factory'，文件 'factory_Data' (位于文件 3 上)处理了 0 页。
已为数据库 'factory'，文件 'factory_Log' (位于文件 3 上)处理了 5 页。
RESTORE LOG 成功处理了 5 页，花费 0.023 秒(1.464 MB/秒)。

(5 行受影响)
```

图 7-48　正确执行还原语句后的消息提示

知识点

还原数据库的 SQL 语句

1. 完整数据库备份和差异数据库备份的还原语句：

restore database 数据库名 from 备份设备名 with file=n [, norecovery]

完整数据库备份和差异数据库备份的还原语句格式是一样的，到底属于哪种备份的还原决定于当时备份的类型，用 file 文件指定还原的是备份设备的哪个备份项，若后面要继续还原，则需在此指定 norecovery 项。

2. 事务日志备份的还原语句：

restore log 数据库名 from 备份设备名 with file=n [, norecovery]

若是最后一步还原，则无须指定 norecovery。

7.2.4 备份数据库的自动执行

数据库的备份往往会消耗大量的资源，不允许在正常的工作时间频繁执行，而往往要求在用户访问量较少时执行，如凌晨等时间。因此，诸如此类的管理工作会给管理员带来很大的压力，管理员总不能半夜起来备份吧，所以 SQL Server 为了解决此类工作的压力，提供了自动化管理的特性。在这里我们简单地介绍一下利用 SQL Server 的自动化管理来自动执行备份。

任务 7.18 设置备份的自动执行。

【步骤 1】启动 SQL Server 代理服务。在默认情况下，此代理服务是停止的，我们为了让备份能够自动执行，先要开启代理服务，相当于开启闹钟，开启后的状态如图 7-49 所示。

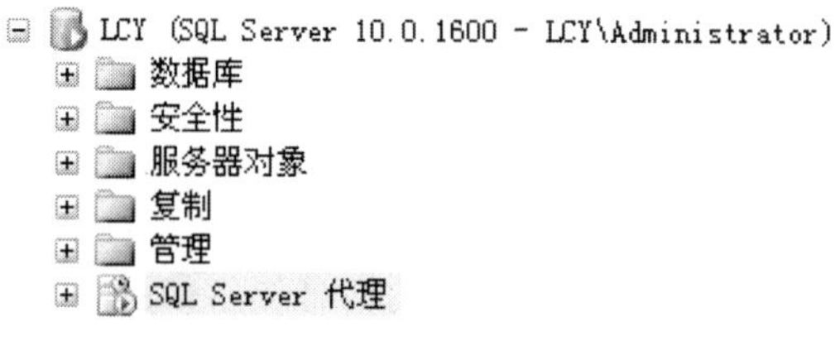

LCY (SQL Server 10.0.1600 - LCY\Administrator)
数据库
安全性
服务器对象
复制
管理
SQL Server 代理

图 7-49 开启 SQL Server 代理服务

【步骤 2】打开“控制面板”，在“管理工具”中打开“服务”，找到 Messenger 服务并开启，开启后的状态如图 7-50 所示。

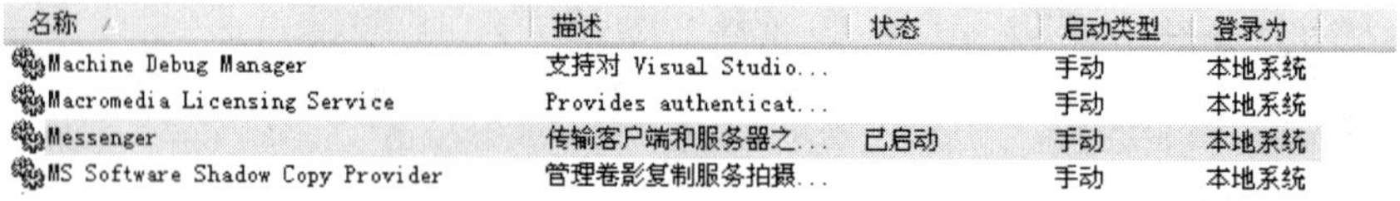

名称	描述	状态	启动类型	登录为
Machine Debug Manager	支持对 Visual Studio...		手动	本地系统
Macromedia Licensing Service	Provides authenticat...		手动	本地系统
Messenger	传输客户端和服务器之...	已启动	手动	本地系统
MS Software Shadow Copy Provider	管理卷影复制服务拍摄...		手动	本地系统

图 7-50 开启 Messenger 服务

【步骤 3】展开“SQL Server 代理”，新建一个操作员 Mary，在“新建操作员”对

话框中设置好操作员的姓名，并且以网络发送的方式通知操作员，在此要设置好网络地址，就是你计算机的名称，如图 7-51 所示。

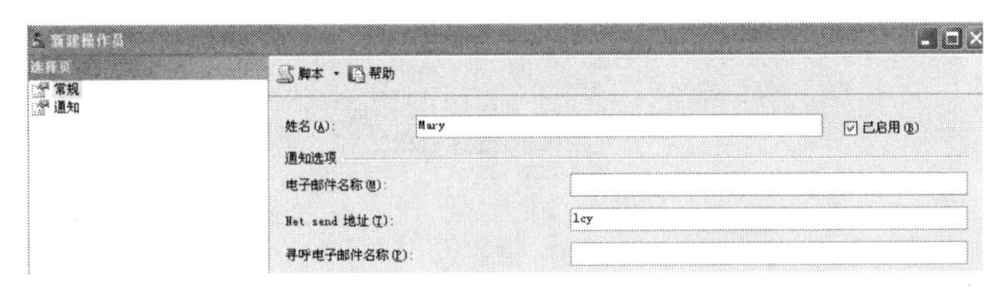

图 7-51　新建一个操作员

【步骤 4】新建一个作业名为 autofactorybak，新建一个步骤，进行数据库备份，写上如下的备份语句：

```
backup database factory to disk='d:\bak\fact.bak'
```

新建步骤的设置如图 7-52 所示。

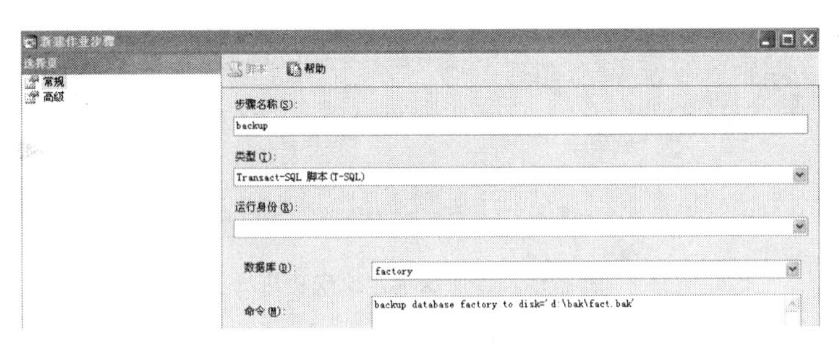

图 7-52　新建一个作业步骤

【步骤 5】在“新建作业”对话框中新建一个计划，调度备份在某个时间点执行，比如可以设置比当前时间晚 5 分钟，如图 7-53 所示。

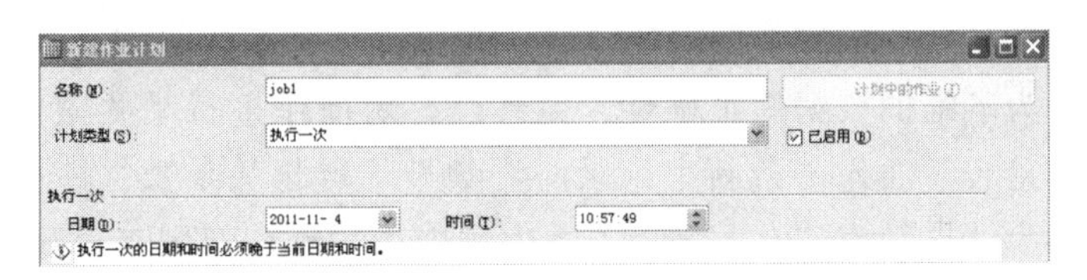

图 7-53　新建一个计划

【步骤 6】设置当作业成功时通知操作员，具体设置如图 7-54 所示。

图 7-54　设置作业成功完成时通知操作员

【步骤 7】单击“新建作业”对话框的“确定”按钮，作业创建成功。新建完的作业和操作员的状态如图 7-55 所示。

图 7-55　成功创建作业

【步骤 8】先在“作业”名上右击，在弹出的快捷菜单中选“作业开始步骤”，看作业是否成功运行，正确后再设置自动备份的时间比当前的时间晚一分钟，设置后等待。时间到了，会提示备份成功完成，如图 7-56 所示。

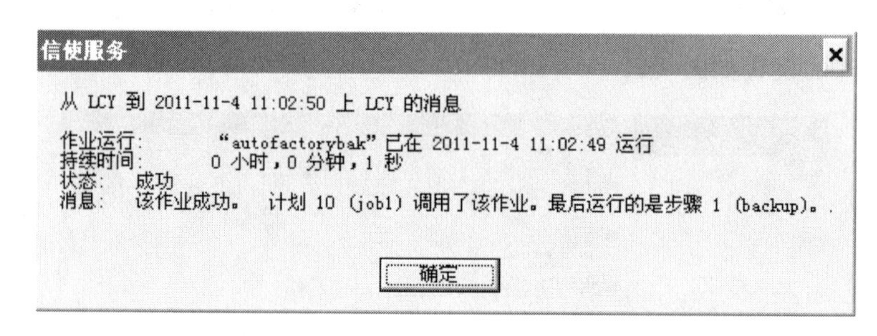

图 7-56　信使提示作业成功执行

7.3　完整性管理

数据的完整性是指数据库中数据的一致性和正确性。在对数据库执行删除、插入、更新等操作时，为了维护数据的正确性、完整性，对操作进行某些限定是必要的。例如在向“学生信息表”插入一条新生记录时，学号不得与关系数据库中已存在的学号相同，性别只能为“男”或“女”等。关系模型中用完整性规则来表述这些约束条件，按照数据完整性的功能可以将其分为 4 类。

1. 实体完整性

实体完整性表示表中每一行数据都是唯一的，即它必须至少拥有一个唯一标识以区分不同的数据行。实现方法：主键约束（primary key），唯一性约束（unique），标识（identity）等。

2. 域完整性

域完整性限定表中输入数据的数据类型与取值范围。实现方法：默认约束（default），检查约束（check），外键约束（foreign key），规则（rule），数据类型，非空约束（not null）等。

3. 参照完整性

在具体介绍参照完整性之前，首先介绍一个相关的名词——外码（foreign key）。外

码指的是这样的字段，它在本关系中不是主码，而在其他的关系中是主码，外码又称为外键。在两个关系间建立联系时，外码起到了桥梁的作用。例如有如下的两个关系

学生信息表（学号，姓名，性别，系号）

系基本信息表（系号，系名，系主任）

在这两个关系中，学生信息表中的系号就是外码，它在两个表中起到了桥梁的连接作用。

参照完整性规则要求：若字段 A 在某个关系表中是外码，那么外码的取值要么为空，要么必须来自于主码表中所存在的值。

实现方法：外键约束（foreign key），检查约束（check），触发器（trigger）。

4. 用户自定义完整性

用户自定义完整性，可应用于上述 3 种数据完整性不能够或较难使用的场合。如在一些商品销售应用系统中，需要确保在生成销售订单时，必须要求所销售的产品在库中满足一定的数量；外派售后服务人员时，要求所派售后服务人员达到一定的服务指标等。这些应用或者更复杂一些的应用，很难通过数据库本身的工具来实现，用户可以使用数据库的代码和程序设计代码，通过存储过程、触发器、应用程序模块等来确保数据完整性。

7.3.1 约束

约束是通过限制列中数据、行中数据和表之间数据来保证数据完整性的非常有效的方法。约束可以确保把有效的数据输入到列中并维护表和表之间的特定关系。SQL Server 2008 系统提供了 5 种约束类型，即主键约束（primary key），外键约束（foreign key），唯一约束（unique），检查约束（check），默认约束（default）。

任务 7.19 在创建表时设置约束。

【步骤 1】在查询中运行以下的 SQL 语句来创建数据库和表。

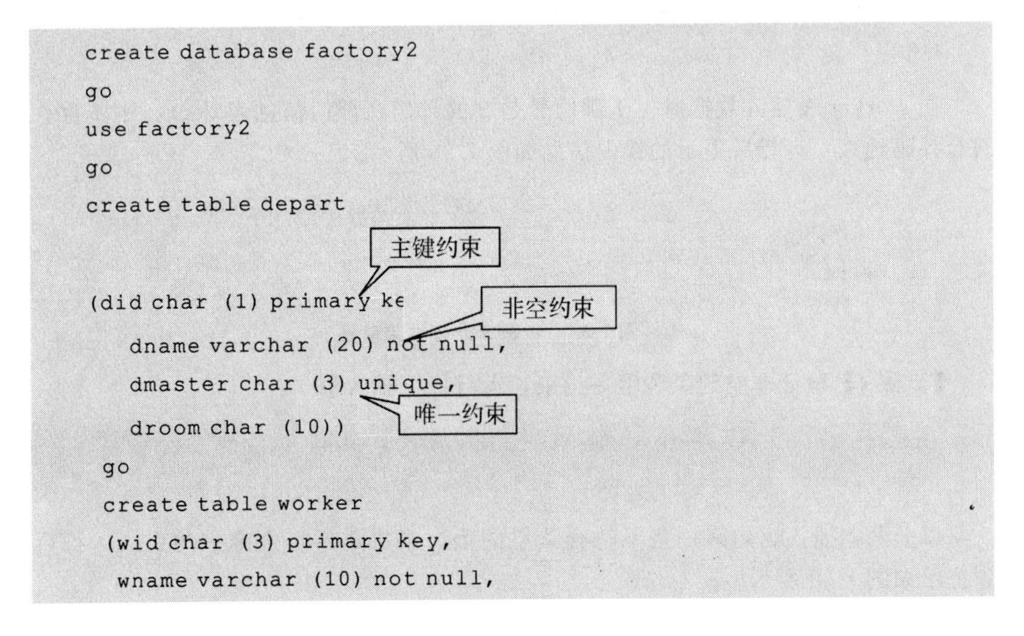

```
create database factory2
go
use factory2
go
create table depart
(did char (1) primary ke
  dname varchar (20) not null,
  dmaster char (3) unique,
  droom char (10))
go
create table worker
(wid char (3) primary key,
 wname varchar (10) not null,
```

```
wsex char(2) check(wsex in('男','女')),
wbirthdate date,
wparty char(2) check(wparty in('是','否'))default('是'),
wjobdate date,
depid char(1) foreign key references depart(did))
  go
```


在任务 7.19 中首先创建了一个数据库 factory2，在该数据库下创建了两个表 depart 和 worker，下面我们来对创建好的两个表进行约束的验证。

【步骤 2】验证主键约束，运行以下插入语句：

```
use factory2
go
insert into depart(dname,dmaster,droom)values('财务处','003','2201')
go
```

运行后提示的错误信息如图 7-57 所示，即主码 did 不能缺少，这是由主键约束来控制的，主键约束除了不能插入空值外，也不能插入重复值。

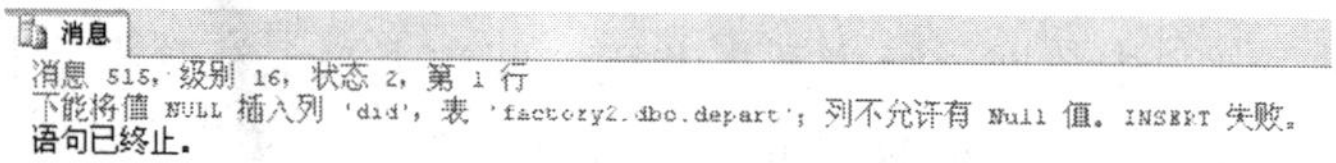

消息
消息 515，级别 16，状态 2，第 1 行
不能将值 NULL 插入列 'did'，表 'factory2.dbo.depart'；列不允许有 Null 值。INSERT 失败。
语句已终止。

图 7-57　步骤 2 主键约束验证

【步骤 3】验证外码约束，运行以下插入语句：

```
insert into depart values('1','人事处','002','2201')
insert into worker(wid,wname,depid)values('001','周小航','2')
go
```

往 worker 表插入数据时由于部门号是 2 的部门在部门信息表 depart 中不存在，不符合外码约束，运行后提示的错误信息如图 7-58 所示。

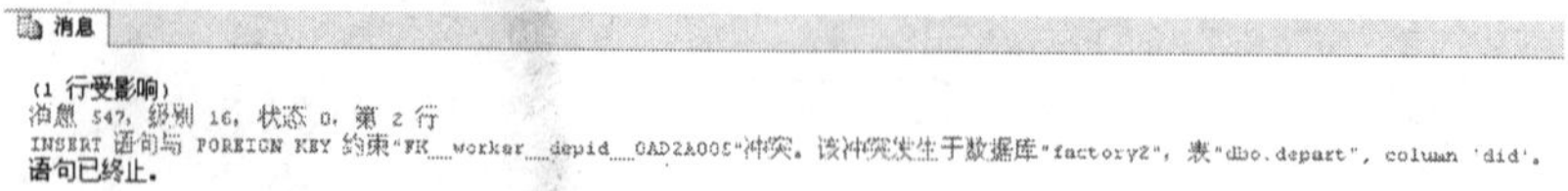

消息
(1 行受影响)
消息 547，级别 16，状态 0，第 2 行
INSERT 语句与 FOREIGN KEY 约束"FK__worker__depid__0AD2A005"冲突。该冲突发生于数据库"factory2"，表"dbo.depart", column 'did'。
语句已终止。

图 7-58　步骤 3 外键约束验证

【步骤 4】验证非空约束和唯一约束，运行以下插入语句：

```
insert into depart(did,dmaster,droom) values('2','004','2202')
insert into depart values('2','外事办','003','2201')
```

以上两条插入语句第一条不符合非空约束，第二条不符合唯一约束，运行后的错误提示如图 7-59 所示。

```
消息
消息 515，级别 16，状态 2，第 1 行
不能将值 NULL 插入列 'dname'，表 'factory2.dbo.depart'；列不允许有 Null 值。INSERT 失败。
语句已终止。
消息 2627，级别 14，状态 1，第 2 行
违反了 UNIQUE KEY 约束 'UQ__depart__B61C976D023D5A04'。不能在对象 'dbo.depart' 中插入重复键。
语句已终止。
```

图 7-59　步骤 4 非空约束和唯一约束验证

【步骤 5】验证默认约束，运行以下插入语句：

```
insert into worker(wid,wname) values('004','王子建')
select * from worker
```

对 worker 表插入一条数据后查询该表的数据，如图 7-60 所示，发现 wparty 字段自动插入的数据“是”。

	wid	wname	wsex	wbirthdate	wparty	wjobdate	depid
1	004	王子建	NULL	NULL	是	NULL	NULL

图 7-60　步骤 5 默认约束验证

【步骤 6】验证检查约束，运行以下插入语句：

```
insert into worker(wid,wname,wsex) values('005','李婷婷','是')
```

在步骤 6 中，对 worker 表进行数据插入时的性别 wsex 输入数据“是”，不符合检查约束，错误提示如图 7-61 所示。

```
消息
消息 547，级别 16，状态 0，第 1 行
INSERT 语句与 CHECK 约束"CK__worker__wsex__07F6335A"冲突。该冲突发生于数据库"factory2"，表"dbo.worker", column 'wsex'。
语句已终止。
```

图 7-61　步骤 6 检查约束验证

7.3.2　规则

规则的作用类似于检查约束，如果将一个规则绑定到指定列上，则可以检查该列的数据是否符合规则的要求。规则与检查约束的主要区别在于一列只能绑定一个规则，但却可以设置多个检查约束。规则的优点是仅创建一次就可以绑定到数据库的多个表的列上，使同一数据库中所有的表的不同列共享规则，还可以绑定到同一数据库中一个以上的用户自定义数据类型上。

任务 7.20　为 worker 表的出生日期字段设置一个绑定，设置该字段出生年份的取值只能在 1940 至 1985 之间。

【步骤 1】创建规则并绑定到 worker 表的 worker.wbirthdate 字段，运行以下语句后会提示规则创建成功并绑定。

```
create rule wbirth_rule as @year> = '1940-01-01' and @year< = '1985-01-01'
go
sp_bindrule wbirth_rule, 'worker.wbirthdate'
go
```

【步骤 2】更新表中职工号为 002 职工的出生日期，结果出错，出错的提示信息如

图 7-62 所示。

消息

消息 513，级别 16，状态 0，第 2 行
列的插入或更新与先前的 CREATE RULE 语句所指定的规则发生冲突。该语句已终止。冲突发生于数据库 'factory'，表 'dbo.worker'，列 'wbirthdate'。
语句已终止。

图 7-62　步骤 2 数据插入出错提示

语句如下：

```
update worker set wbirthdate='1986-01-01' where wid='002'
```

【步骤 3】解除在 worker 表的 worker. wbirthdate 字段上的绑定，并且运行步骤 2 中的修改语句，会提示一行受影响，表示数据已成功修改。

语句如下：

```
sp_unbindrule 'worker.wbirthdate'
```

【步骤 4】删除此规则。

语句如下：

```
drop rule wbirth_rule
```

知 识 点

规则创建和使用的 SQL 语句

1. 创建规则：create rule 规则名称 as 表达式
2. 绑定规则：sp_bindrule 规则名称，要绑定的字段
3. 解除绑定：sp_unbindrule 要解除绑定的字段
4. 删除规则：drop rule 规则名称

7.4　本章实训：为医疗垃圾处理数据库设置安全性和完整性

本次实训环境

在本章的实训中我们主要是对医疗垃圾处理数据库进行安全性和完整性的设置，包括用户的创建和权限管理，数据库的备份和恢复，通过创建约束和规则来设置数据表的完整性。

本次实训操作要求

1. 将 SQL Server 2008 的身份验证模式修改为 SQL Server 和 Windows 身份验证模式，然后用 sa 登录到 SQL Server 2008。

2. 创建一个 SQL Server 的登录账户，名为 Teddy。

3. 设置 Teddy 为 medical 数据库的用户，该用户可以查看所有的数据表，但是不能进行插入、删除、更新操作，设置完成后，用 Teddy 登录到 SQL Server 2008 进行验证。

4. 以管理员登录到 SQL Server 2008 中编写 SQL 语句来设置 Teddy 对 me_info 可以进行查看、插入操作，不能进行删除操作。对 contracts 可以进行查看、删除操作，不能进行插入操作。设置完成后，以 Teddy 新建一个查询，分别写 SQL 语句对权限进行验证。

5. 创建一个数据库角色 medicalrole1，所有者为 dbo，设置该角色能够对 me_info 表进行插入、删除、查询、更新操作，对 contracts 表只能进行查询操作，在 medical 数据库下新建一个数据库用户 Puppy，将该用户添加到 medicalrole1 角色中来，然后以 Puppy 登录到 SQL Server 2008 中进行权限的验证。

6. 新建一个架构 med_order，将 handle 表的架构修改为 med_order，将 Puppy 添加到此架构中来，并且设置只能查看 handle 表中的数据，不能进行插入、删除、更新操作，验证此架构的权限。

7. 创建一个备份设备 medbak1，对应 D 盘下的 bak 文件夹下的 medbak1. bak。

8. 分别利用鼠标操作的方式和 SQL 语句的方式对 medical 数据库进行如下的备份：

(1) 进行完整数据库备份，备份完成后删除 handle 表。

(2) 进行差异数据库备份，备份完成后删除 addbeds 表。

(3) 事务日志备份。

9. 分别利用鼠标操作的方式和 SQL 语句的方式对 medical 数据库进行数据库的还原，还原到最新的状态，并且查看还原后的数据库。

10. 设置 medical 数据库的完整备份在当前时间的后 5 分钟自动进行，完成后以网络信息的形式通知用户 Nicky，测试。

11. 为 medical 数据库创建以下的约束。

(1) 为 me_info 表的 grade 字段设置默认值为“一级”。

(2) 为 me_info 表的 phone 字段设置“唯一性”的属性。

(3) 为 contracts 表的 amount 字段设置取值只能在 190 至 260 之间。

(4) 为 contracts 表的 me_no 设置外码约束，取值只能来自于 me_info 的相应字段。

(5) 验证以上所创建的约束。

12. 利用创建规则的方式来设置 handle 表中的 number 字段的取值只能在 1 至 100 之间。

7.5　本章习题

一、思考题

1. SQL Server 的身份验证模式有哪两种？

2. 如何在 SQL Server 2008 中建一个 Windows 登录的用户账户？

3. 如何设置用户对表和视图的操作权限？

4. SQL Server 2008 提供了哪几种固定数据库角色？

5. 什么是自定义数据库角色？如何创建？

6. 什么是架构？架构的作用是什么？

7. 对数据库进行备份的作用是什么？备份的种类有哪些？数据库故障还原模型有哪几种？

8. 备份和还原数据库的一般语句格式是什么？

9. 什么是数据的完整性？有哪些种类？

10. 在 SQL Server 2008 中有哪些约束的类型？

11. 创建和使用规则的一般语句格式是怎样的？

二、应用题

1. 为学生课程数据库创建一个用户 Mary，使她可以查询该数据库下的 student 表，但是不能查询 stu_course 表。

2. 完成以下的权限操作：

(1) 利用鼠标方式为学生课程数据库创建一个用户 Mary2；

(2) 以 sa 登录查询分析器，当前数据库选择为 stu，写 SQL 语句授予 Mary2 对 student 表所有的操作权限；

(3) 在查询分析器中以 Mary2 登录，测试是否可以对 student 表进行查询、插入、删除、更新操作；

(4) 在 sa 的查询分析器中，收回 Mary2 对 student 表的插入权限；

(5) 在 mary2 的查询分析器中，测试是否可以对 student 表进行查询、插入、删除、更新操作。

3. 完成以下的权限操作：

(1) 以 sa 登录企业管理器为 stu 数据库建用户 John；

(2) 以 sa 登录查询分析器运行 revoke all from John；

(3) 在企业管理器中测试 John 在 stu 数据库中能否创建表及视图；

(4) sa 在查询分析器中运行：grant create table to John；

(5) 在企业管理器中测试 John 在 stu 数据库中能否创建表及视图；

(6) sa 在查询分析器中运行 grant all to John；

(7) 在企业管理器中测试 John 在 stu 数据库中能否创建表及视图。

4. 完成以下的约束操作：

(1) 在企业管理器中用鼠标方式设置 student 表的 sdept 字段的默认值为“计算机系”；

(2) 在企业管理器中用鼠标方式约束 student 表的 sage 的值为 18～23；

(3) 在查询分析器中利用 SQL 语句约束 stu_course 表的成绩只能在 0 到 100 之间。

5. 数据库名：同学数据库

同学表(学号 char(6)，姓名，性别，年龄，民族，身份证号，宿舍号)
宿舍表(宿舍号 char(6)，宿舍电话)

用 SQL 语言实现下列功能：

（1）创建数据库［我班同学数据库］代码；

（2）创建数据表［宿舍表］代码；

宿舍表（宿舍号 char(6)，宿舍电话）

要求使用：主键（宿舍号）、宿舍电话（以 633 开头的 7 位电话号码）。

（3）创建数据表［同学表］代码；

同学表（学号 char(6)，姓名，性别，年龄，民族，身份证号，宿舍号）

要求使用：主键（学号）、外键（宿舍号）、默认（民族）、非空（民族，姓名，年龄）、唯一（身份证号）、检查（性别）。

6. 按照要求完成以下的操作：

（1）新建备份设备 stubak1，对应 D:\stubak1. bak；

（2）将学生课程数据库 stu 的故障还原模型改为“完整”；

（3）将学生课程数据库进行完整数据库备份到以上备份设备；

（4）在 student 表中插入一行新的数据，学号为 12345，其他数据随意输入；

（5）对学生课程数据库进行差异数据库备份到 stubak1；

（6）将 stu_course 表删除；

（7）对学生课程数据库进行事务日志备份到 stubak1；

（8）删除 stu 数据库；

（9）恢复到完整数据库备份的状态，因为下面还要继续还原，所以设置此次还原后的数据库为只读，打开 student 表，看是否有 12345 这条数据？为什么？

（10）恢复到差异数据库备份的状态，因为下面还要继续还原，所以设置此次还原后的数据库为只读，打开 student 表，看是否有 12345 这条数据？为什么？

（11）恢复到事务日志备份的状态，查看是否有 stu_course 表？为什么？

7. 设有供应商关系 S 和零件关系 P，如图 7-63 所示，它们的主码分别是“供应商号”和“零件号”，而且，零件关系 P 的属性“颜色”只能取值为“红，白，兰”。

供应商号	供应商名	所在城市
B01	红星	北京
S10	宇宙	上海
T20	黎明	天津
Z01	立新	重庆

供应商关系 S

零件号	颜色	供应商号
010	红	B01
201	兰	T20
312	白	S10

零件关系 P

图 7-63　供应商关系 S 和零件关系 P

（1）今向关系 P 插入新行，新行的值分别列出如下，它们是否都能插入？

（‘201’，‘白’，‘S10’）（‘301’，‘红’，‘T11’）（‘301’，‘绿’，‘B01’）

（2）若要删除关系 S 中的行，删除行的值分别列出如下，它们是否都能被删除？

（‘S10’，‘宇宙’，‘上海’）（‘Z01’，‘立新’，‘重庆’）

（3）若修改关系 P 或关系 S，如下的修改操作是否都能执行？

将 S 表的供应商号＝‘Z01’修改为‘Z30’，将 P 表的供应商号＝‘B01’修改为‘B02’。

第8章　结合VB完成职工信息管理系统的开发

在一个采用SQL Server 2008做数据库服务器（C/S）的客户端/服务器应用系统中，服务器负责创建和维护数据库对象，维护数据的一致性和完整性，并确保数据可以在事务失败后予以恢复。客户端程序负责所有的交互操作，在本章中我们利用VB（Visual Basic）来开发客户端的程序。

本章项目名称：结合VB完成职工信息管理系统的开发

项目具体要求：利用SQL Server 2008完成职工信息数据库的创建、视图的创建、存储过程的创建、触发器的创建，然后利用VB完成客户端软件的开发，完成数据的查询、更新，视图的查询、更新，存储过程的调用等功能。

8.1　系统功能分析

本章所开发的项目是一个简单的职工信息管理系统，系统主要涉及对职工基本信息的管理、部门基本信息的管理和职工工资信息的管理。

本系统采用的是C/S结构，是基于Windows XP平台而开发的。服务器端采用的是SQL Server 2008的数据库管理系统来集中统一的管理数据库，客户端应用程序采用Visual Basic开发软件。

职工信息管理系统是各个企事业单位普遍采用的一个非常适用的信息管理系统，在此我们仅以学习的目的出发，所以开发的系统功能比较简单，用户在学习本系统后，可以根据实际需要对功能模块进行调整。本系统大致有如下的需求：

（1）实现对职工基本信息的查询、插入、删除、修改；

（2）实现对部门基本信息的查询、插入、删除、修改；

（3）实现对工资信息表的查询、插入、删除、修改；

（4）实现对职工表的综合查询功能，比如查询职工的姓名、部门名、工资情况；

（5）实现职工表到工资表的关联查询（即查到某一职工后，可以查询其工资情况）；

（6）实现简单的统计功能，如统计某个部门的平均工资或某个职工的平均工资，通过调用存储过程统计某个部门的职工人数等。

因此根据以上的需求绘制本系统的功能模块如图8-1所示。

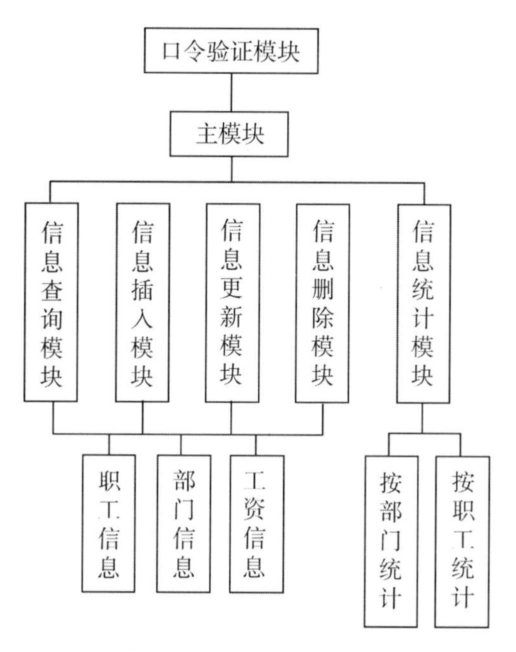

图 8-1　职工信息管理系统功能模块

8.2　职工信息管理系统开发

为 SQL Server 设计和编写大型复杂应用程序对于软件开发者是个挑战，需要选择编程语言和工具，做出合适的数据库设计，选择算法和数据结构，还要设计图形用户界面和应用程序接口。在此我们利用 VB 6.0 根据前面所分析的功能来开发一个简单的职工信息管理系统客户端应用程序。

8.2.1　口令验证模块开发

口令验证模块是用户在登录系统时的身份验证，只有受权的用户才可以访问职工信息管理系统。

任务 8.2　为职工信息管理系统开发一个口令验证模块。

【步骤 1】为职工信息数据库创建一个用户表，存放用户名和密码。

语句如下：

```
create table usertable
( username varchar(30) primary key,
userpassword varchar(30) not null)
go
insert into usertable
values('admin','123456')
go
```

【步骤 2】新建一个窗体，命名为 frmLogin1，保存成 frmLogin1.frm，并且设计如图 8-3 所示的登录窗体。

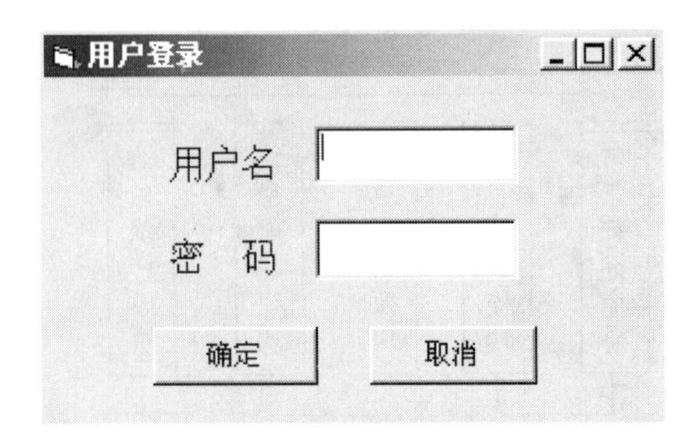

图 8-3 “用户登录”窗体

【步骤 3】为用户登录模块添加代码实现登录功能。

代码如下：

```
Private Sub cancel_Click()
Unload Me
End Sub

Private Sub ok_Click()
Dim ConnectString As String
Dim conn As New ADODB.Connection
Dim rst As ADODB.Recordset
UserName = Trim(nametext.Text)
UserPass = Trim(passtext.Text)
ConnectString = "Provider= SQLOLEDB.1;Persist Security Info= False;
   User ID= sa;Initial Catalog= factory;Data Source= (local)"
conn.Open ConnectString
strSql = "select * from usertable where username= '" & UserName &"'"
Set adoRst = conn.Execute(strSql)
If Not adoRst.EOF Then
   If adoRst.Fields("userpassword") = UserPass Then
      frmMain.Show
      Unload Me
      Exit Sub
   End If
 End If
MsgBox"用户名或密码错误,请重新输入!"
End Sub
```

添加代码后，利用用户名 admin，密码 123456 测试，可以成功登录职工信息管理系统。

8.2.2　主界面模块开发

从主界面模块出发可以进入各个功能模块，而从各个功能模块，单击“返回”按钮后可以返回主模块。

任务 8.2　为职工信息管理系统开发一个主界面模块。

【步骤 1】新建一个窗体，命名为 frmMain，保存为 frmMain.frm。

【步骤 2】在窗体中设计如下的样式，主模块主要是由一个菜单组成，如图8-4所示。

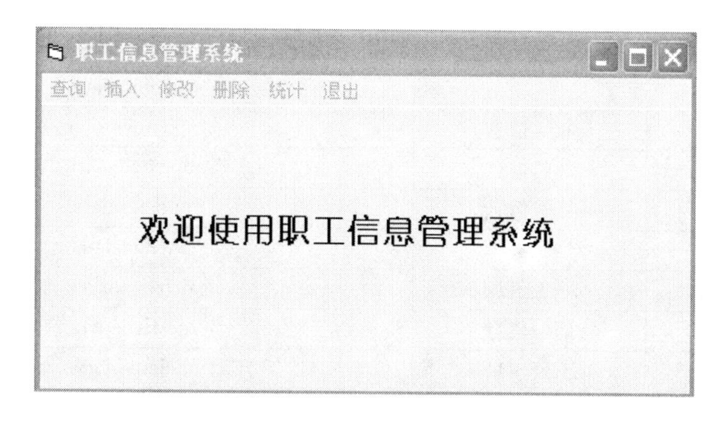

图 8-4　主界面模块窗体

【步骤 3】在主界面模块中右击，在弹出的快捷菜单中选择“菜单编辑器”，可以进行菜单编辑，如图 8-5 所示。

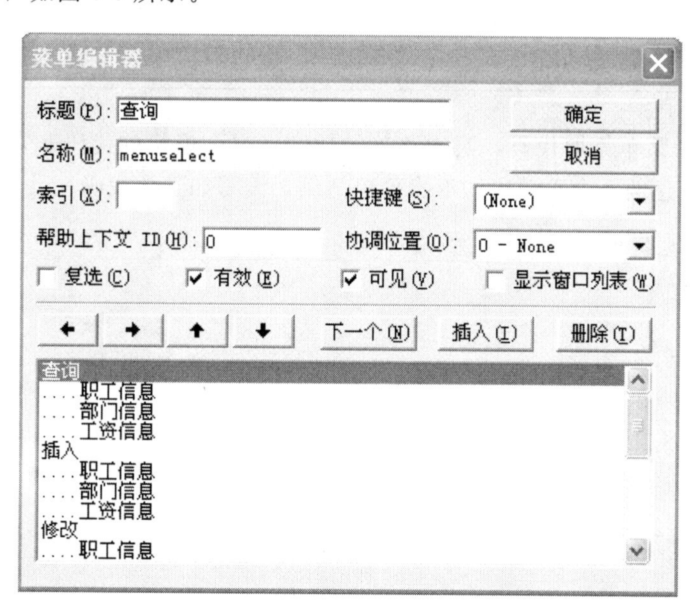

图 8-5　“菜单编辑器”对话框

菜单所对应的标题和名称如表 8-1 所示。

表 8-1　菜单标题与名称

一级菜单标题	二级菜单标题	名　称
查询		menuselect
	职工信息	workerinfo
	部门信息	departinfo
	工资信息	salaryinfo
插入		menuinsert
	职工信息	insertworker
	部门信息	insertdepart
	工资信息	insertsalary
修改		menuupdate
	职工信息	updateworker
	部门信息	updatedepart
	工资信息	updatesalary
删除		menudelete
	职工信息	deleteworker
	部门信息	deletedepart
	工资信息	deletesalary
统计		menustat
	按部门统计工资	statdepart
	按职工统计工资	statworker
	统计部门职工人数	statdepartnum
退出		menuquit
	退出本系统	quit

【步骤 4】为菜单添加代码，实现菜单的功能，这个模块的代码非常简单，以其中调用职工基本信息的一个菜单项和退出菜单为例，编写如下的代码：

```
'查询职工信息菜单
Private Sub workerinfo_Click()
frmworker.Show
Unload Me
End Sub
'退出菜单
Private Sub quit_Click()
Unload Me
End Sub
```

8.2.3　查询职工信息模块

任务 8.3　创建一个窗体根据职工号来查询职工的基本信息。

【步骤 1】新建一个窗体，命名为 frmWorker，保存为 frmWorker.frm。

【步骤 2】选择“工程”菜单下的“部件”，然后添加如图 8-6 所示的部件，新添加的部件是在窗体中添加数据对象用的。

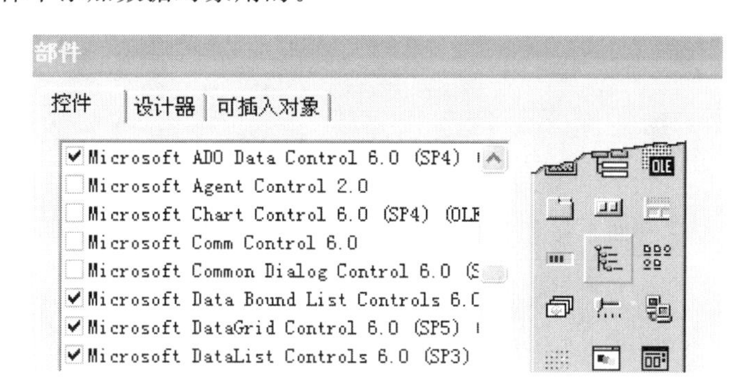

图 8-6　添加部件

【步骤 3】为窗体添加对象，设计如图 8-7 所示的窗体。

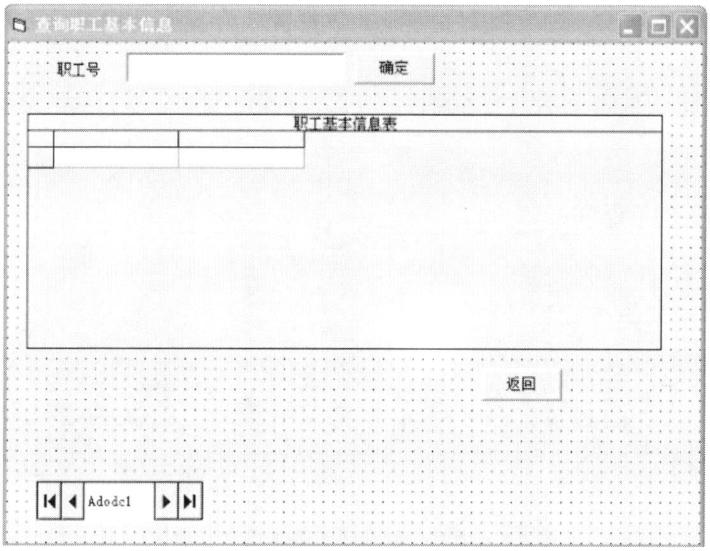

图 8-7　“查询职工基本信息”窗体设计

【步骤 4】窗体载入时的代码，如下所示：

```
'窗体载入时
Private Sub Form_Load()
Adodc1.ConnectionString = "Provider= SQLOLEDB.1;Persist Security
Info= False;User ID= sa;Initial Catalog= factory;Data Source= (lo-
cal)"
Adodc1.RecordSource = "select *  from worker"
Adodc1.Refresh
End Sub
```

【步骤 5】单击“确定”按钮的代码如下。单击该按钮是根据输入的职工号来查询职工的相关信息。

```
'确定按钮
Private Sub cmdok_Click()
Adodc1.RecordSource = "select *  from worker where wid= '" & Trim(Text1.
Text) &"'"
Adodc1.Refresh
End Sub
```

【步骤 6】单击“返回”按钮的代码如下。单击该按钮返回到主界面菜单。

```
'返回按钮
Private Sub cmdback_Click()
frmMain.Show
Unload Me
End Sub
```

【步骤 7】为 DataGrid1 数据表控件添加数据源，设置属性窗口的 DataSource 数据源为 Adodc1。

【步骤 8】将 Adodc1 控件放置在窗体的外部，使它不可见，运行的结果如图 8-8 所示。

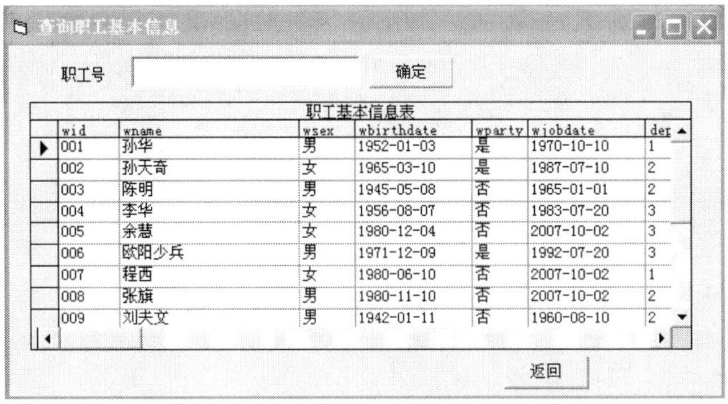

wid	wname	wsex	wbirthdate	wparty	wjobdate	dep
001	孙华	男	1952-01-03	是	1970-10-10	1
002	孙天奇	女	1965-03-10	是	1987-07-10	2
003	陈明	男	1945-05-08	否	1965-01-01	2
004	李华	女	1956-08-07	否	1983-07-20	3
005	余慧	女	1980-12-04	否	2007-10-02	3
006	欧阳少兵	男	1971-12-09	是	1992-07-20	3
007	程西	女	1980-06-10	否	2007-10-02	1
008	张旗	男	1980-11-10	否	2007-10-02	2
009	刘夫文	男	1942-01-11	否	1960-08-10	2

图 8-8　运行“查询职工基本信息”窗体

【步骤 9】查询职工号为 001 的职工信息，运行的结果如图 8-9 所示。

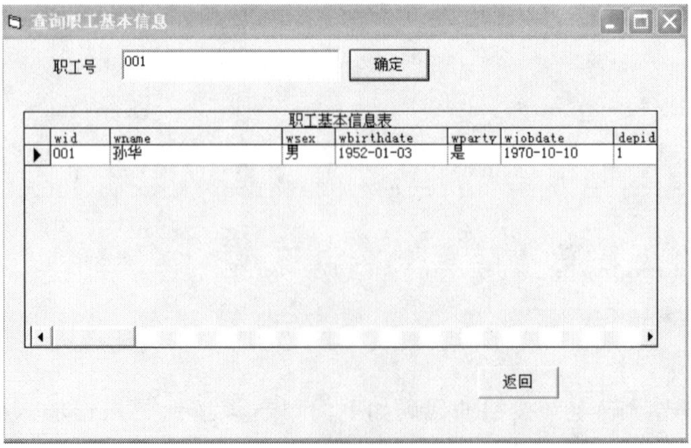

wid	wname	wsex	wbirthdate	wparty	wjobdate	depid
001	孙华	男	1952-01-03	是	1970-10-10	1

图 8-9　查询职工号为 001 的职工

8.2.4　插入职工信息模块

任务 8.4　创建一个窗体用来插入职工的基本信息。

【步骤 1】在工程中添加窗体 frmInsertworker，保存为 frmInsertworker.frm。

【步骤 2】为窗体添加对象，设计如图 8-10 所示的窗体。

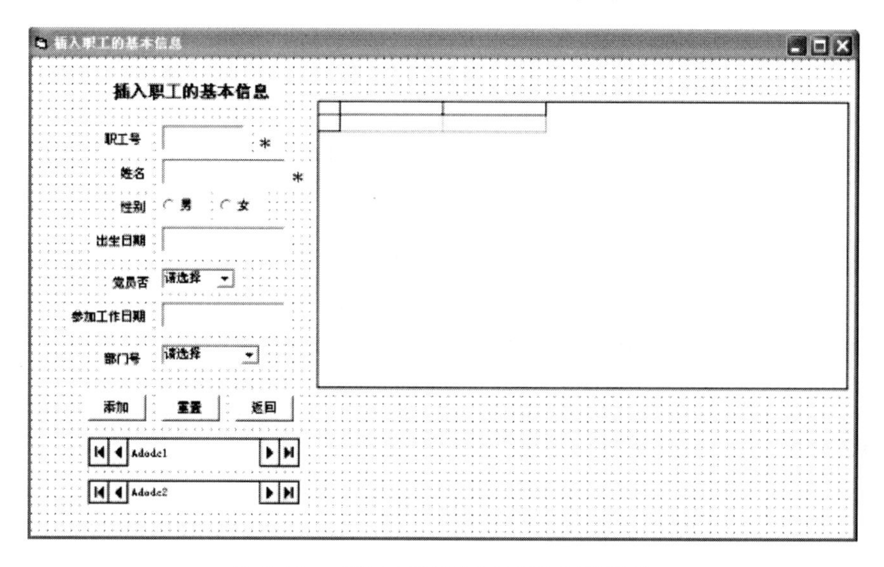

图 8-10　"插入职工基本信息"窗体设计

【步骤 3】窗体载入时的代码，如下所示：

```
Private Sub Form_Load()
party.AddItem"是"
party.AddItem"否"
Adodc1.ConnectionString = "Provider= SQLOLEDB.1; Persist Security In-
fo=
False; User ID= sa; Initial Catalog= factory; Data Source=  (local)"
Adodc1.RecordSource = "select *  from worker"
Adodc1.Refresh
Adodc2.ConnectionString = "Provider= SQLOLEDB.1; Persist Security In-
fo=
False; User ID= sa; Initial Catalog= factory; Data Source=  (local)"
Adodc2.RecordSource = "select did from depart"
Adodc2.Refresh
With Adodc2.Recordset
  Do While Not.EOF
     depid.AddItem Trim (.Fields ("did"))
     .MoveNext
 Loop
End With
End Sub
```

【步骤 4】"添加"按钮的代码，如下所示：

```
Private Sub ok_Click()
Dim ConnectString As String
Dim sex As String
Dim conn As New ADODB.Connection
Dim rst As ADODB.Recordset
If wsex.Item(0).Value = True Then
   sex = "男"
Else
   sex = "女"
End If
ConnectString = "Provider= SQLOLEDB.1; Persist Security Info= False; User
ID= sa; Initial Catalog= factory; Data Source= (local)"
conn.Open ConnectString
strSql = "select * from worker where wid= '" & Trim (wid.Text) &"'"
Set rst= conn.Execute (strSql)
If Not rst.EOF Then
   MsgBox"职工号已存在，不能重复输入!", 0 + 48,"系统提示"
   rst.Close
   conn.Close
   Exit Sub
End If
strSql = "insert into worker values ('"& Trim (wid.Text) &"','"& Trim
(wname.Text) &"','"& sex &"','"& Trim (wdate.Text) &"','"& Trim (party.
Text) &"','"& Trim (jobdate.Text) &"','"& Trim (depid.Text) &"')"
conn.Execute strSql
conn.Close
Set conn = Nothing
Adodc1.Refresh
wid.Text = ""
wname.Text = ""
wsex.Item (0) .Value = True
wdate.Text = ""
party.Text = "请选择"
jobdate.Text = ""
depid.Text = "请选择"
End Sub
```

【步骤 5】"重置"按钮的代码，如下所示：

```
Private Sub cancel_Click()
wid.Text = ""
wname.Text = ""
wsex.Item(0).Value = True
wdate.Text = ""
party.Text = "请选择"
jobtext.Text = ""
depid.Text = "请选择"
End Sub
```

【步骤6】为 DataGrid1 设置数据源 DataSource 为 Adodc1，为 depid 设置数据源 DataSource 为 Adodc2。

【步骤7】将 Adodc1 控件和 Adodc2 控件放置在窗体的外部，使其不可见，运行此窗体，添加一行数据，效果如图 8-11 所示。

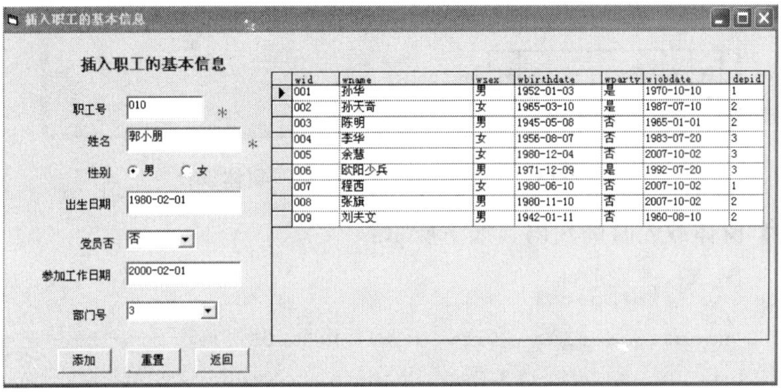

图 8-11　运行"插入职工基本信息"窗体并添加一行数据

【步骤8】单击"添加"按钮后一行数据被加入，表中多了一行数据，如图 8-12 所示。

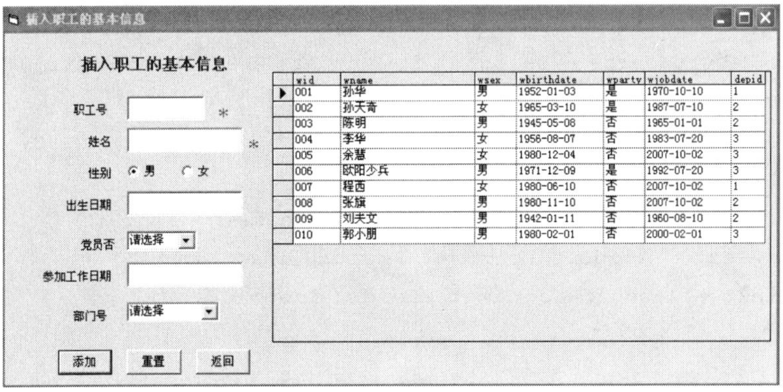

图 8-12　成功添加一行数据

8.2.5　更新部门信息模块

任务 8.5　创建一个窗体用来更新职工的基本信息。

【步骤 1】在工程中添加窗体 frmInsertworker，保存为 frmInsertworker. frm。

【步骤 2】为窗体添加对象，设计如图 8-13 所示的窗体。

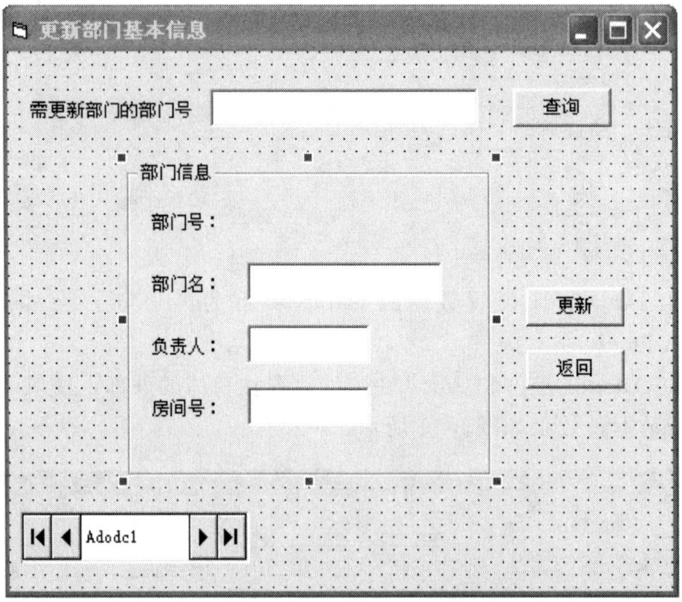

图 8-13 “更新部门基本信息”窗体设计

【步骤 3】窗体载入时的代码，如下所示：

```
Private Sub Form_Load()
Adodc1.ConnectionString= "Provider= SQLOLEDB.1;Persist Security Info=
False;User ID= sa;Initial Catalog= factory;Data Source= (local)"
End Sub
```

【步骤 4】“查询”按钮的代码，如下所示：

```
Private Sub cmdselect_Click()
Adodc1.RecordSource = "select *  from depart where did= '"& Trim(Text1.
Text) & "'"
Adodc1.Refresh
did.Caption =  Text1.Text
dname.Text =  Adodc1.Recordset.Fields("dname")
master.Text =  Adodc1.Recordset.Fields("dmaster")
room.Text =  Adodc1.Recordset.Fields("droom")
End Sub
```

【步骤 5】“更新”按钮的代码，如下所示：

```
Private Sub cmdupdate_Click()
Dim ConnectString As String
Dim conn As New ADODB.Connection
Dim rst As ADODB.Recordset
```

```
ConnectString = "Provider= SQLOLEDB.1;Persist Security Info= False;
User ID= sa;Initial Catalog= factory;Data Source= (local)"
conn.Open ConnectString
If dname.Text = ""Then
   MsgBox"部门名不能为空!!!"
Else
strSql = "update depart set dname= '" & Trim(dname.Text) &"',
dmaster= '" & Trim(master.Text) &"',droom= '"& Trim
(room.Text) &"'"where did= '"& Trim(Text1.Text) &"'"
conn.Execute strSql
conn.Close
Set conn = Nothing
Adodc1.Refresh
MsgBox "更新成功!!"
End If
End Sub
```

【步骤6】运行该窗体，查询部门号为1的部门的信息，并且将房间号修改为2210，运行的结果如图8-14所示。

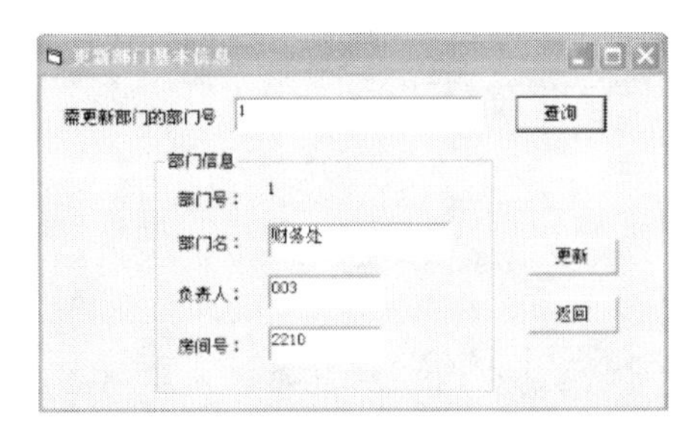

图8-14　运行“更新部门基本信息”窗体

8.2.6　删除职工信息模块

任务8.6　创建一个窗体用来删除特定职工的基本信息。

【步骤1】在工程中添加窗体frmDeleteworker，保存为frmDeleteworker.frm。

【步骤2】为窗体添加对象，设计如图8-15所示的窗体。

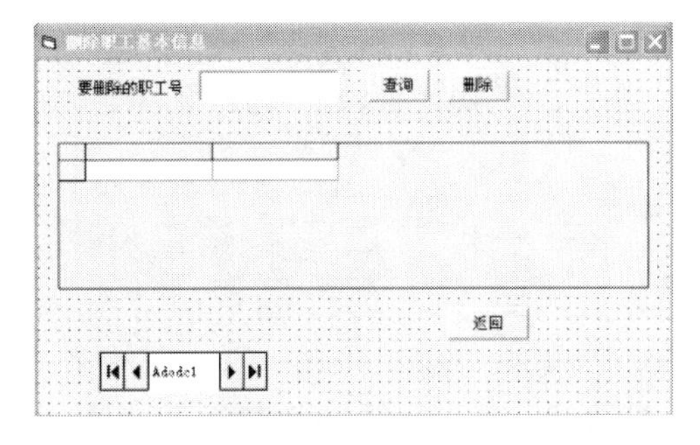

图8-15　“删除职工基本信息”窗体设计

【步骤 3】窗体载入时的代码，如下所示：

```
Private Sub Form_Load()
Adodc1.ConnectionString = "Provider= SQLOLEDB.1;Persist Security
Info= False;User ID= sa;Initial Catalog= factory;Data Source= (lo-
cal)"
Adodc1.RecordSource = "select *  from worker"
Adodc1.Refresh
End Sub
```

【步骤 4】“查询”按钮的代码，如下所示：

```
Private Sub select_Click()
Adodc1.RecordSource= "select *  from worker where wid= '"& Trim(Text1.Text)
&"'"
Adodc1.Refresh
End Sub
```

【步骤 5】“删除”按钮的代码，如下所示：

```
Private Sub delete_Click()
Dim ConnectString As String
Dim conn As New ADODB.Connection
Dim rst As ADODB.Recordset
ConnectString = "Provider= SQLOLEDB.1;Persist Security Info= False;
User ID= sa;Initial Catalog= factory;Data Source= (local)"
conn.Open ConnectString
strSql = "delete from worker where wid= '"& Trim(Text1.Text) &"'"
conn.Execute strSql
conn.Close
Set conn =  Nothing
Adodc1.Refresh
End Sub
```

【步骤 6】为 DataGrid1 设置数据源 DataSource 为 Adodc1。

【步骤 7】运行该窗体，删除职工号为 001 的职工，单击“删除”按钮，发现职工号为 001 的职工不见了，如图 8-16 所示。

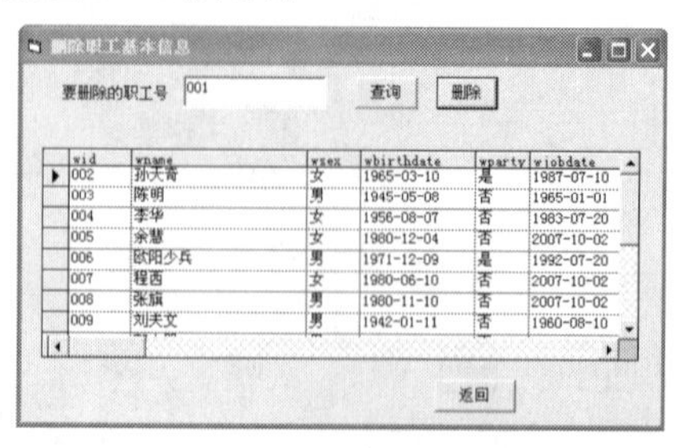

8-16　运行“删除职工基本信息”窗体

8.2.7　按职工统计工资信息

任务 8.7　创建一个窗体用来按职工来统计工资信息。

【步骤 1】在工程中添加窗体 frmStatsalary，保存为 frmStatsalary.frm。

【步骤 2】为窗体添加对象，设计如图 8-17 所示的窗体。

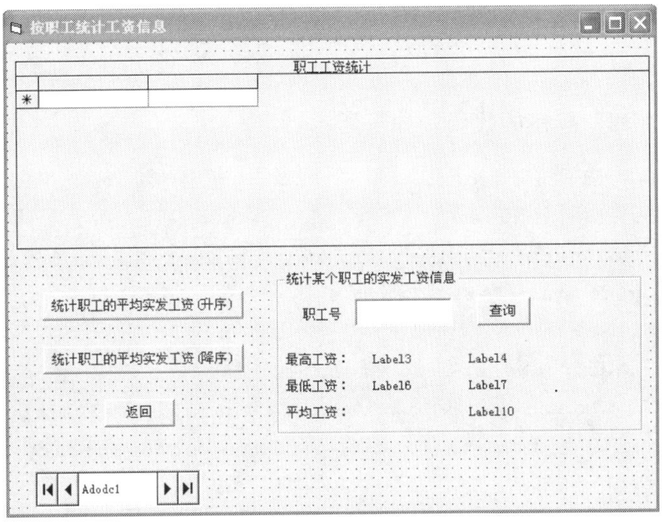

图 8-17　“按职工统计工资信息”窗体设计

【步骤 3】窗体载入时的代码，如下所示：

```
Private Sub Form_Load()
Adodc1.ConnectionString= "Provider= SQLOLEDB.1;Persist Security Info=
False;User ID= sa;Initial Catalog= factory;Data Source= (local)"
Adodc1.RecordSource= "select worker.wid as 职工号,wname as 姓名,dname as
部门名,sdate as 发工资日期, actualsalary as 实发工资 from worker inner join
salary on worker.wid= salary.wid inner join depart on worker.depid= de-
part.
did"
Adodc1.Refresh
End Sub
```

【步骤 4】统计职工的平均实发工资（升序）的代码，如下所示：

```
Private Sub cmdsortasc_Click()
Adodc1.RecordSource= "select worker.wid as 职工号,wname as 姓名,dname as
部门名,avg(actualsalary) as 平均工资 from worker inner join salary on
worker.wid= salary.wid inner join depart on worker.depid= depart.did
group by worker.wid,wname,dname order by avg(actualsalary) asc"
Adodc1.Refresh
End Sub
```

【步骤 5】统计职工的平均实发工资（降序）的代码，如下所示：

```
Private Sub cmdsortdesc_Click()
Adodc1.RecordSource = "select worker.wid as 职工号,wname as 姓名,dname
as 部门名,avg(actualsalary) as 平均工资 from worker inner join salary
on worker.wid= salary.wid inner join depart on worker.depid= depart.
did group by worker.wid,wname,dname order by avg(actualsalary) desc"
Adodc1.Refresh
End Sub
```

【步骤 6】"查询"按钮的代码，如下所示：

```
Private Sub select_Click()
Dim Avgsalary As Single
Adodc1.RecordSource= "select avg(actualsalary) from salary where
worker.wid= '"& Trim(Text1.Text) &"'"
Adodc1.Refresh
Avgsalary= Adodc1.Recordset.Fields(0)
Adodc1.RecordSource= "select worker.wid,sdate,actualsalary from salary
where wid= '" & Trim(Text1.Text) & "'order by actualsalary desc"
Adodc1.Refresh
Adodc1.Recordset.MoveFirst
Label3.Caption= Adodc1.Recordset.Fields("sdate")
Label4.Caption= Adodc1.Recordset.Fields("actualsalary")
Adodc1.Recordset.MoveLast
Label6.Caption= Adodc1.Recordset.Fields("sdate")
Label7.Caption= Adodc1.Recordset.Fields("actualsalary")
Label10.Caption= Avgsalary
End Sub
```

【步骤 7】运行该窗体，如图 8-18 所示。

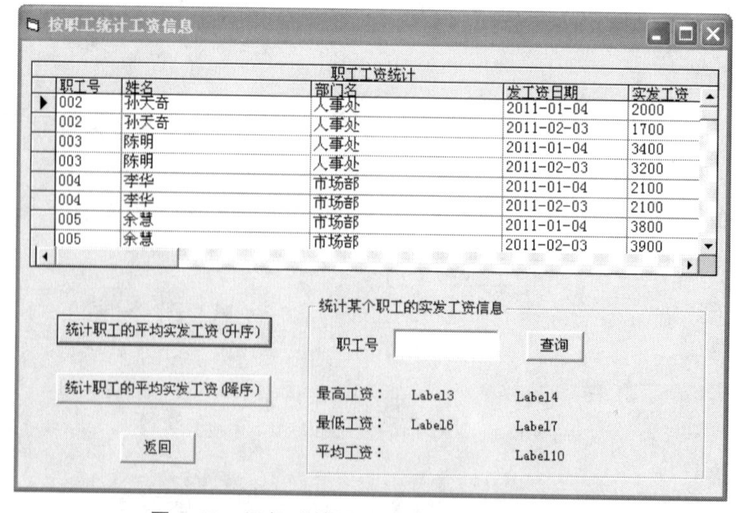

图 8-18 运行"按职工统计工资信息"窗体

【步骤 8】统计职工的平均实发工资（升序），如图 8-19 所示。

图 8-19　运行“按职工统计工资信息”窗体

【步骤 9】统计 009 职工的实发工资信息，如图 8-20 所示。

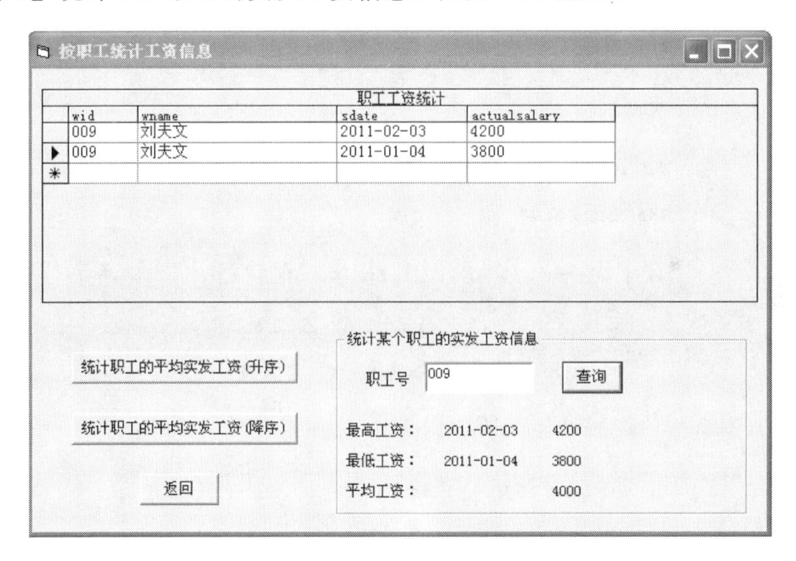

图 8-20　“统计职工的实发工资”信息

8.2.8　利用 VB 调用存储过程

任务 8.8　创建一个窗体用来调用 SQL Server 2008 的存储过程，统计指定部门名的职工人数。

【步骤 1】在 SQL Server 2008 中创建一个存储过程，此存储过程与第 6 章的任务 6.24 相同。

```
create proc worker_num_dep2 @dname varchar(20),@num int output
as
select @num= count(* )
from worker inner join depart on worker.depid= depart.did
where dname= @dname
go
declare @num1 int
exec worker_num_dep2 '人事处',@num1 output
print'人事处的职工人数为:'+ cast(@num1 as char(2))
go
```

【步骤 2】为窗体添加对象，设计如图 8-21 所示的窗体。

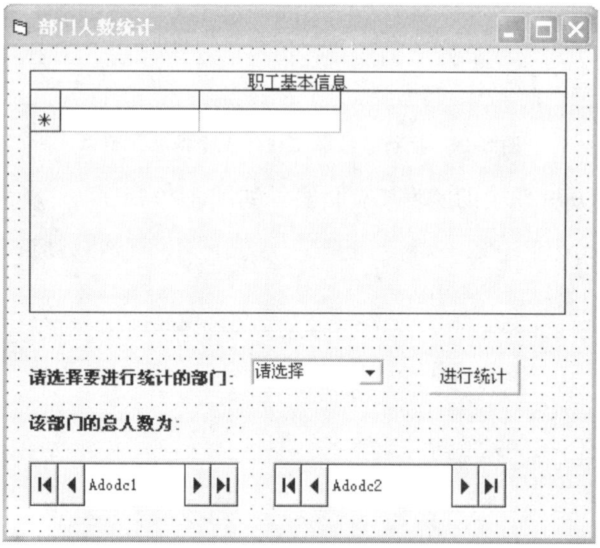

图 8-21　“部门人数统计”窗体设计

【步骤 3】本窗体的代码，如下所示：

```
Dim cnn1 As ADODB.Connection '连接
Dim mycommand As ADODB.Command '命令
Dim parm_jobid As ADODB.Parameter '参数 1
Dim parm_joblvl As ADODB.Parameter '参数 2
Dim rstByQuery As ADODB.Recordset '结果集
Dim strCnn As String '连接字符串
Private Sub Command1_Click()
    Dim Cmd As New ADODB.Command
    Cmd.ActiveConnection= "Provider= SQLOLEDB.1;Persist Security
    Info= False;User ID= sa;Initial Catalog= factory;Data Source= (lo-
cal)"
    Cmd.CommandText= "worker_num_dep2"
    Cmd.CommandType= adCmdStoredProc
```

```
  Set Parameter1= Cmd.CreateParameter(“@dname”,adChar,adParam
  Input,10,depid.Text)
  Set Parameter2 = Cmd.CreateParameter(“@num”, adSingle, adParamOut-
put)
  Cmd.Parameters.Append Parameter1
  Cmd.Parameters.Append Parameter2
  Cmd.Execute
  LblTotal.Caption= Cmd.Parameters(“@num”)
  Adodc2.Refresh
End Sub
Private Sub Form_Load()
Adodc1.ConnectionString= “Provider= SQLOLEDB.1;Persist Security
Info= False;User ID= sa;Initial Catalog= factory;Data Source= (lo-
cal)”
Adodc1.RecordSource= “select worker.wid as 职工号,wname as 姓名,
dname as 部门名 from worker inner join depart on worker.depid= depart.did”
Adodc1.Refresh
Adodc2.ConnectionString= “Provider= SQLOLEDB.1;Persist Security
Info= False;User ID= sa;Initial Catalog= factory;Data Source= (lo-
cal)”
Adodc2.RecordSource= “select dname from depart”
Adodc2.Refresh
With Adodc2.Recordset
  Do While Not.EOF
     depid.AddItem Trim(.Fields(“dname”))
     .MoveNext
  Loop
End With
End Sub
```

【步骤 4】将职工基本信息数据表与 Adodc1 绑定。

【步骤 5】运行此窗体，选择“财务处”统计职工人数，结果如图 8-22 所示。

图 8-22　运行“部门人数统计”窗体

8.3 本章实训：结合VB完成医疗垃圾处理系统开发

本次实训环境

在前几章中我们已经在SQL Server 2008中创建了医疗垃圾处理数据库，在本章的实训中，我们结合VB完成医疗垃圾处理系统的开发。

本次实训操作要求

设计完成一个医疗垃圾处理系统，功能可以根据自己的调研来确定，例如完成如下的功能模块：

1. 实现对医疗机构基本信息表的查询、插入、删除、修改；
2. 实现对合同录入表的查询、插入、删除、修改；
3. 实现对新增床位表的查询、插入、删除、修改；
4. 实现对合同付款情况表的查询、插入、删除、修改；
5. 实现对垃圾处理实时管理表的查询、插入、删除、修改；
6. 实现对医疗机构基本信息表的综合查询功能，比如查询医疗机构的名称、合同的签订情况、合同的付款情况等；
7. 实现简单的统计功能，如统计某个医疗机构的全部床位数，通过调用存储过程统计某个医疗机构的垃圾处理总量等。

第 9 章　按照数据库设计理论来完成光盘出租管理数据库的设计

数据库设计过程一般分为 6 个阶段：需求分析、概念结构设计、逻辑结构设计、物理设计、数据库实施、数据库运行和维护。在数据库设计之前，首先必须选定参加设计的人员，包括数据库管理员、系统分析员、数据库设计人员、程序员、用户。用户和数据库管理员主要参与需求分析和数据库的运行维护。程序员则在系统实施阶段参与，主要负责编制程序和准备软、硬件环境。

本章项目名称：按照数据库设计理论来完成光盘出租管理数据库的设计

项目具体要求：按照数据库设计的步骤、要求，数据库设计过程中的规范化要求，根据光盘出租管理系统的实际需要来完成光盘出租管理数据库的设计。

9.1　对光盘出租管理进行需求分析

需求分析是数据库设计的第一个阶段，从数据库设计的角度来看，需求分析的任务是对现实世界要处理的对象进行详细的调查了解，通过对原有系统的了解，收集支持新系统的基础数据，并对其进行处理，在此基础上确定新系统的功能。简言之，就是获得用户对所要建立的数据库的信息内容和处理要求的全面描述。

任务 9.1　通过深入光盘出租店，了解出租店的日常运行情况，得出光盘出租店的日常功能。

光盘出租店的日常功能如下。

1. 唯一地标识光盘

由于光盘可能具有相同的名称，因此不能使用光盘名称来标识光盘，光盘的标识是在进货时给光盘分配一个标识号，标识号采用 identity 列自动编号。

2. 进货信息

光盘出租店从光盘销售店买进光盘，需要进行登记，内容包括供货商信息、光盘价格、花费情况等信息。

3. 注册会员

要成为光盘店的会员，个人应该提供姓名和交纳会费。然后光盘店根据个人信息发出一个编号的卡片。如果成为会员，将在光盘出租情况表中选择“是否是会员”字段。会员和非会员的优惠程度不一样。

4. 出租光盘

光盘可以在提供押金的情况下出租，每一张光盘的押金为 20 元。另外，还可以提供证件作为出租光盘的条件。每一张光盘的最长期限不限制，每一天的租金为 1 元，如果 20 天以后还没有归还，将扣除全部押金。

5. 归还光盘

用户归还光盘时，员工将输入光盘号或光盘名称。符合条件的光盘出租情况将出现在计算机屏幕上，自动产生该光盘的借出日期、归还日期、出租天数、应收现金和找给现金。

6. 产生报表

有时，出租店老板需要使用信息，这些信息可以知道一张光盘的循环数量、各种光盘的数据量、归还光盘的可信度、借出光盘的平均时间。所以要求系统能够提供上述信息的快速汇总，日常生活中常见的问题类型如下：

(1) 出租店去年总共借出了多少光盘?

(2) 总共有多少会员?

(3) 本店去年最畅销的光盘是哪一张? 前 10 位是哪些?

(4) 去年总共销售了多少光盘?

(5) 去年的利润是多少?

设计一个数据库，必须对所设计的数据库作需求分析。如果没有进行详细的规划和分析，设计的数据库以后会出现很多问题。数据库设计员要多次与客户进行交流，确定客户需要什么以及将模糊的概念用计算机模型精确地表示出来。

知 识 点

需求分析常用的调查方法如下：

1. 跟班作业。通过亲自参加业务工作来了解各相关部门的组成及相应的职责、业务活动情况，从而掌握部门与业务活动的关系。

2. 开调查会。通过与每个职能部门的负责人和部门内有关专业人员座谈来了解业务情况及用户需求。座谈时，参加者可以相互启发。

3. 请专人介绍。一般请工作多年、熟悉业务流程的业务专家详细介绍业务情况，包括业务的输入、输出，以及处理要求。

4. 询问。对某些调查中的问题可以找专人询问，以便更深刻、详细地了解用户的需求。

5. 查阅记录。查阅与原系统有关的数据记录。

任务 9.2 根据对系统功能和用户需求的详细了解，绘制数据流程图，如图 9-1～图 9-6所示。

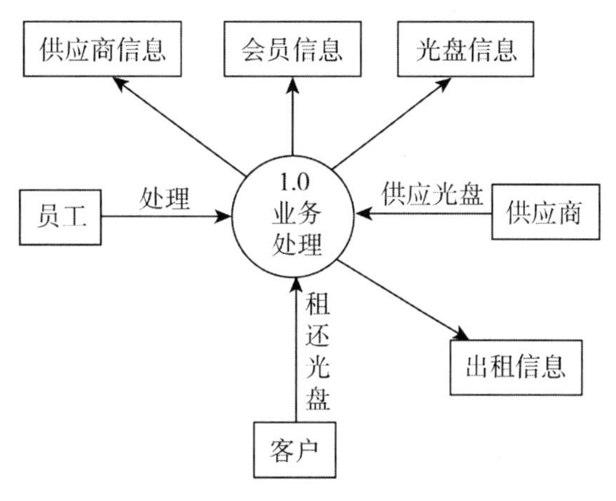

图 9-1　光盘出租（第一层数据流图）

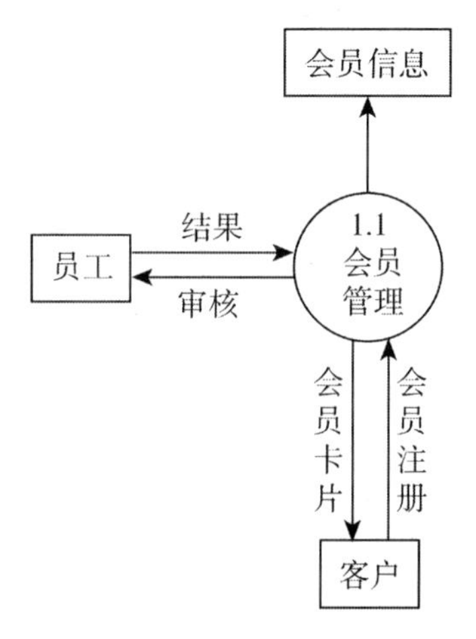

图 9-2　会员管理（第二层数据流图）

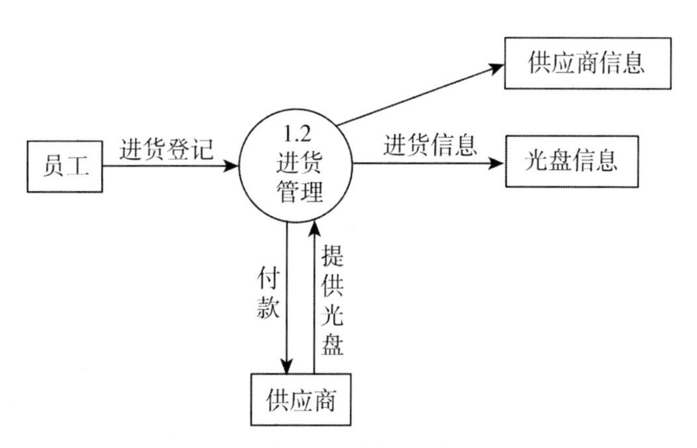

图 9-3　光盘进货（第二层数据流图）

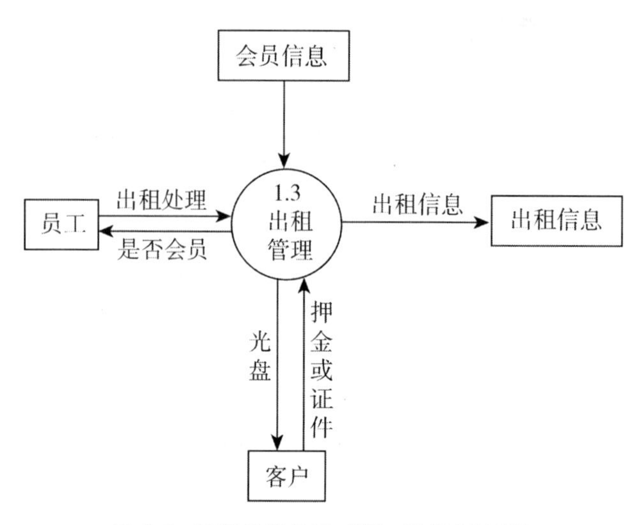

图 9-4　出租光盘信息（第二层数据流图）

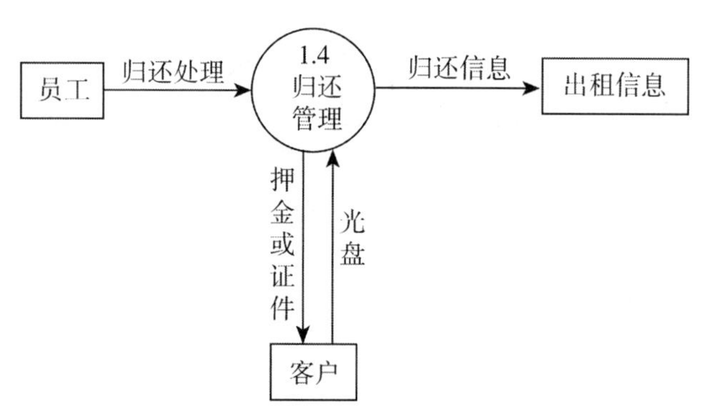

图 9-5　归还光盘信息（第二层数据流图）

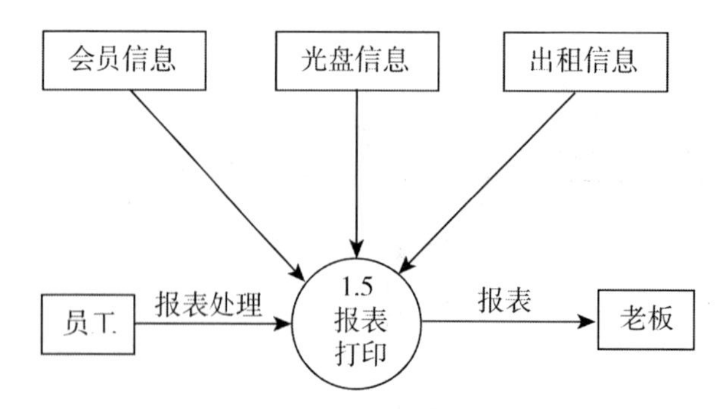

图 9-6　报表打印（第二层数据流图）

9.2　对光盘出租管理数据库进行设计

9.2.1　概念结构设计

若要进行数据库的概念结构设计，首先必须选择适当的数据模型。用于概念结构设计的数据模型既要有足够的表达能力，可以表示各种类型的数据及其相互间的联系和语义，又要简明易懂，能够为非计算机专业人员所接受。可供选择的数据模型不少，例如各种语义数据模型、面向对象数据模型等，在此我们应用的是 E-R 数据模型。

一个单位有许多部门、用户组和各种应用，需求说明来自对它们的调查和分析。这些不同来源的需求可能不一致，甚至矛盾。如何在这样的需求说明的基础上设计出一个单位的数据模式，一般有下列两种不同的方法：

一种是集中式模式设计法，在这种方法中，首先将需求说明综合成一个一致的、统一的需求说明，一般由一个权威组织或授权的 DBA 进行此项综合工作。然后，在此基础上设计一个单位的全局数据模式，再根据全局数据模式为各个用户组或应用定义外模式。这种方法强调统一，对各用户组和应用可能照顾不够，一般用于小的、不太复杂的单位。

另一种方式是视图集成法，不要求综合成一个统一的需求说明，而是以各部分的需求说明为基础，分别设计各自的局部模式。这些局部模式实际上相当于各部分的视图，然后再以这些视图为基础，集成为一个全局模式。在视图集成过程中，可能会发现一些冲突，须对视图作适当的修改。视图集成法比较适合于大型数据库的设计，可以多组并行进行，可以免除综合需求说明的麻烦。目前，视图集成法用得较多，下面将以此法为主介绍概念结构设计。

视图是按照某个用户组、应用或部门的需求说明，用 E-R 数据模型设计的局部模式。视图的设计一般从小开始，逐步扩大，直至完备，一般有下列 4 种可能的设计次序：

(1) 自顶向下。自顶向下的视图设计先从抽象级别高、普遍的对象开始，逐步细化、具体化、特殊化。例如图书这个视图，可从一般的出版物开始，再分为书籍和期刊，再加上借阅人、购置、流通等模式。

(2) 自底向上。自底向上的视图设计从各局部应用的概念结构开始，将它们集成起来，得到全局概念结构。

(3) 由内向外。由内向外的视图设计从最基本、最明显的对象开始，逐步扩大至有关的其他对象。以学生视图为例，先表示有关学生的基本数据，再表示诸如课外活动、兴趣小组、家庭情况等有关的其他数据。

(4) 混合策略。即将自顶向下和自底向上相结合，用自顶向下的策略设计一个全局概念结构的框架，以它为骨架集成由自底向上策略中设计的各局部概念结构。

以上几种方法可以完成视图的设计，设计 E-R 图本无一定的程式，上面所介绍的次序无非提供了一个系统考虑问题的方法。

在需求分析阶段，我们通过对系统的详细分析得到了数据流图，设计局部视图的第一步，应该根据实际情况，在多层的数据流图中选择一个适当层次的数据流图，让这组图中的每一部分对应一个局部应用，分别转换成局部 E-R 图。

任务 9.3 根据光盘出租管理的数据流图绘制 E-R 图。

由于光盘出租管理系统是一个比较简单的系统，所以在此我们直接根据数据流图绘制一个总的 E-R 图来表示光盘出租管理中实体与实体之间的联系。由于实体的属性比较多，我们在 E-R 图里只给出实体的主属性，对于实体的具体属性，我们在图下以文字描述的形式给出，如图 9-7 所示。

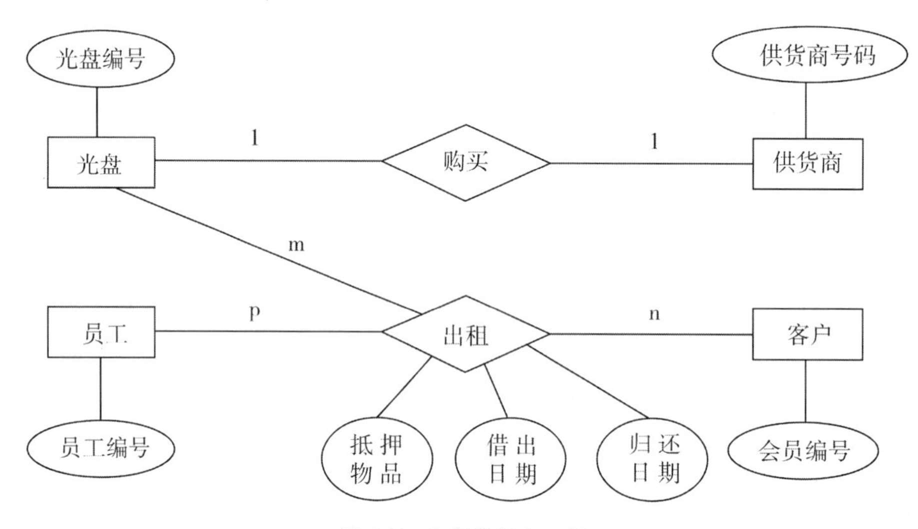

图 9-7 光盘出租 E-R 图

实体的属性

光盘：光盘编号；供货商号码；光盘名称；语言类型；光盘类型；光盘数量；说明；价格

员工：员工编号；员工姓名；进店时间；身份证号码；月薪；电话；住址

客户：会员编号；会员名；登记日期；证件号码

供货商：编号；名称；地址；电话；负责人

9.2.2 逻辑结构设计

逻辑结构设计的任务是把概念结构设计阶段产生的概念数据库模式变换为逻辑结构的数据库模式。即把 E-R 图转换为数据模型，逻辑结构设计一般包含两个步骤：第一步是将 E-R 图转换为初始的关系数据库模式；第二步是对关系模式进行规范化处理。

E-R 图向关系模型的转换要解决的问题是如何将实体和实体间的联系转换为关系模式，如何确定这些关系到模式的属性和主码。关系模型的逻辑结构是一组关系模式的集合，E-R 图是由实体、实体的属性和实体之间的联系组成的。所以将 E-R 图转换为关系模型实际上就是要将实体、实体的属性、实体之间联系转换为关系模式，这种转换应遵循如下原则。

(1) 一个实体转换为一个模式，实体的属性就是关系模式的属性，实体的主键即为关系模式的主码。

(2) 一个 1∶1 的联系，可以与任意一端对应的关系模式合并，只需要在合并后的关系模式中加入另一个关系模式的键和联系本身的属性。

(3) 一个 1∶n 的联系，可以转换成与 n 端对应的关系模式合并，在 n 端实体转换的关系模式中加入 1 端实体转换成的关系模式的键和联系的属性。

(4) 一个 m∶n 的联系，则将该联系转换为一个独立的关系模式，其属性为两端实体类型的键加上联系类型的属性，而关系的键为两端实体的键的组合。

在对 E-R 图转换为关系模式后，还需要对关系进行规范化处理，具体在本章后面的内容中进行介绍。

任务 9.4　根据光盘出租管理的 E-R 图得出此系统数据库的逻辑结构。

光盘信息表（光盘编号＃，光盘名称，语言类型，光盘类型，光盘数量，供货商号码，说明，价格）

员工信息表（员工编号，员工姓名，进店时间，身份证号码，月薪，电话，住址）

客户信息表（会员编号，会员名，登记日期，证件号码）

供货商信息表（编号，名称，地址，电话，负责人）

出租表（光盘编号，员工编号，抵押物品，借出日期，归还日期，是否会员）

9.3　数据异常

用二维表格形式表现的关系模型，其中列表示所有研究的属性集，行表示某个对象对应于各个属性的取值。但并不是任意属性及其值的堆砌都是一个“好”的关系模型。

我们来看一个简化的学生选课的例子：

R＝{学号，姓名，课程名，教师，学分，成绩，等级}

假设一个学生可以选多门课程，每门课程可以容纳多个学生。每门课程只有一个教师讲授，每门课程的学分唯一，考核成绩分成 A～E 等级。得到如表 9-1 所示的一张二维表。

表 9-1　学生选课关系

学号	姓名	性别	课程名	教师	学分	成绩	等级
010205	鲍小仁	男	数据结构	王明	4	89	B
010219	屠敏	女	数据结构	王明	4	76	C
010214	潘明杰	男	办公自动化	张语林	3	96	A
010301	范海霞	女	软件工程	李安平	4	73	C
010205	鲍小仁	男	软件工程	李安平	4	66	D
010219	屠敏	女	软件工程	李安平	4	90	A
010324	葛小燕	女	计算机导论	张语林	3	40	E

这个关系存在着以下许多弊病。

1. 数据冗余

关系模式中，某些属性值以一定规律重复出现称为数据冗余。如课程名为“软件工程”的元组，其对应的“教师”属性值“李安平”重复出现3次。根据关系描述，每门课程只有一个教师讲授，李安平老师讲授软件工程这一事实在表中重复多次，这就是数据冗余。很明显，数据库中若保存大量的冗余信息，则需要更多的存储空间，对数据库操作时，空间复杂度高。

请思考：在这个关系中还存在哪些数据冗余?

2. 更新异常

更新异常通常是指变更某类属性值时，需要更改多处，否则会出现不一致。如将“数据结构”的学分调整为3，则需要同时更改两个元组。更甚者，如果将“等级”的“五级记分制”改为“三级记分制”，则要对关系中的所有元组作出改动。而且即使不忘记，也会由于修改的数量增多而使出错的可能性增多。

请思考：在这个关系中还可能存在哪些更新异常?

3. 插入异常

插入异常通常是指在向关系中插入元组时，有时会遭拒绝。如打算下学期新开设一门课程，教师、学分已定，但还没有学生选修该课程，则“课程名”、“教师”、“学分”信息不允许添加到该关系中。因为“学号”、“姓名”等没有值，构成不了一个元组，所以无法插入到关系中。

4. 删除异常

删除异常通常是指在删除元组时，附带删除了其他有效信息。如查看姓名为“葛小燕”这一行，若该生退学，则需删除该元组，同时也丢失了“计算机导论”的授课教师、学分等信息。

分析上述4种弊病可知，矛盾都集中在了“课程名”、“教师”、“学分”上，另外还有“成绩”、“等级”上。为什么呢?

在一个关系表中，各个属性之间是存在着某种决定关系的。当决定关系复杂到一定程度时，就会引起上面所说的多种弊病。如表9-1所示，“成绩”是由“学号”和“课程名”决定的；“教师”和“学分”是由“课程名”决定的；“等级”是由“成绩”决定的，等等。这些同一关系中属性之间的决定关系就是9.4节要详细介绍的函数依赖。

一般情况下，若一个关系中仅存在着对同一属性组的决定关系时，就不会出现上述所说的4种弊病了。

9.4 函数依赖的基本概念

设R（$A1$，$A2$，…，An）是一个关系模式，X和Y是{$A1$，$A2$，…，An}的子集，只要关系r是关系模式R的可能取值，r中就不可能有两个元组在X中的属性值相等，而在Y中的属性值不等，则称“X函数决定Y”或“Y函数依赖于X”，记为X

$\rightarrow Y$。

可见，函数依赖就是指属性（组）X 的值必定唯一决定属性（组）Y 的值。例如表 9-1 的学生选课关系，根据描述，每门课程只有一个教师讲授。即任意两个元组，若属性“课程名”的取值相同，必定只对应相同的“教师”，则我们可以说“课程名函数决定教师”或“教师函数依赖于课程名”，表示为“课程名→教师”。

函数依赖是语义范畴的概念，在判定一个关系模式中的函数依赖关系时，要联系实际，根据语义进行判定。对于各个属性的取值必须在属性的域集合范围内考察，而并非在某一特定时刻取值。如表 9-1 中，同一个教师对应一个相同的学分，但我们不能说“教师→学分”。另外谈及成绩，往往表示某人某课程的成绩，所以可得“（学号，课程名）→成绩”。那么是否也可以说“（姓名，课程名）→成绩”？在可能出现同名的情况下，这个函数依赖就不能成立。

若 $X \rightarrow Y$，且 $Y \subseteq X$，则称 $X \rightarrow Y$ 为平凡的函数依赖。典型的例子是“学号→学号”。相反，若 $Y \not\subset X$，则称 $X \rightarrow Y$ 为非平凡的函数依赖。通常我们讨论的范围为非平凡的函数依赖。

若 $X \rightarrow Y$，$Y \rightarrow X$，则记作 $X \leftrightarrow Y$。

在关系模式 R 中，有 $X \rightarrow Y$，并且对于 X 的任何真子集 X'，都有 $X' \nrightarrow Y$，则称 Y 完全函数依赖于 X，记为 XY。相反，若 $X \rightarrow Y$，X'是 X 是真子集，存在 $X' \xrightarrow{f} Y$，则称 Y 部分函数依赖于 X，记为 $X \xrightarrow{p} Y$。通常我们讲的函数依赖若非特别指明，都为完全函数依赖。

在关系模式 R 中，若 $X \rightarrow Y$（$Y \not\subset X$，非平凡函数依赖），$Y \nrightarrow X$，$Y \rightarrow Z$，则称为 Z 传递函数依赖于 X，记为 $X \xrightarrow{t} Z$。

任务 9.5 分析关系模式 R 中所存在的函数依赖，R＝{学号，姓名，课程名，教材，教师，学分，成绩，等级}。

(1)（学号，课程名）$\xrightarrow{f}$成绩

成绩是由学号和课程名同时决定的。但我们不能说

学号→成绩　或者　课程名→成绩

(2)（学号，课程名）$\xrightarrow{p}$学分

学分部分函数依赖于学号，课程名。因为

课程名$\xrightarrow{p}$学分

(3)（学号，课程名）$\xrightarrow{t}$等级

等级传递函数依赖于学号，课程名。因为

成绩→等级　（学号，课程名）→成绩

函数依赖是数据的一个重要性质，查看关系模式中的函数依赖是数据库优化的重要分析手段。一般若一个关系模式中存在部分函数依赖或传递函数依赖，则可能存在着各种弊病的隐患，会导致存储异常。

9.5 关系的规范化

在分析了函数依赖的基础上，进一步提出了关系模式的规范化问题。关系模式中的所有函数依赖满足特定要求，这样的关系模式称为范式。根据要求的不同就有了第一范式、第二范式、第二范式、BC 范式、第四范式和第五范式（即 1NF，2NF，3NF，BCNF，4NF，5NF）。要求最低的是第一范式；在第一范式基础上并进一步满足某些要求，可得到第二范式；再满足一些要求，又可得到第三范式；以此类推。范式之间存在着如下的包含关系：

1NF⊃2NF⊃3NF⊃BCNF⊃4NF⊃5NF

本书结合实用性及操作要求，仅介绍 1NF、2NF、3NF 和 BCNF。用户如对其他的范式有兴趣，可自行查阅相关书籍。

9.5.1 第一范式

关系模式 R 中，每一个属性上的取值必是不可分割的数据项，则称关系 R 满足第一范式，记为 $R\in 1NF$。

第一范式是数据库关系模式的最基本条件，是将关系数据库与一般的电子表格区分开来。如表 9-2 所示，它不满足第一范式，也不是一个合法的关系数据库表。

表 9-2 不合法的关系表示

学号	姓名	性别	年龄	系别	籍贯	入学成绩		
						英语	政治	专业

对于关系数据库而言，关系模式仅仅满足第一范式是不够的，如表 9-1 所示：

R＝｛学号，姓名，性别，课程名，教师，学分，成绩，等级｝

为第一范式，但根据 9.4 节内容的分析，这个关系模式中存在着大量不同的函数依赖，包括完全函数依赖、部分函数依赖、传递函数依赖。正是如此，导致关系中可能出现我们上面分析的数据冗余、更新异常、插入异常、删除异常等弊病，于是就有了进一步要求的第二范式。

9.5.2 第二范式

若 $R\in 1NF$，且 R 中的每一个非主属性完全函数依赖于主码，则 $R\in 2NF$。

第二范式是在第一范式的基础上，提出了非主属性与主属性间不得有部分函数依赖关系。第二范式在一定程度上减少了数据冗余、存储异常。

如表 9-1 所示，$R\notin 2NF$，因为

（学号，课程名）$\xrightarrow{p}$教材　　　（学号，课程名）$\xrightarrow{p}$学分

（学号，课程名）$\xrightarrow{p}$姓名　　　（学号，课程名）$\xrightarrow{p}$性别

在这个关系模式中，主码是“学号，课程名”，两个属性的取值组合在任何元组间

是不会重复的，而仅就“课程名”而言，可能取重复值。一旦“课程名”取相同值，随之“教材”、“教师”、“学分”的相同取值也会反复出现。这样就导致了数据冗余、更新异常。又因为在任一元组中，主码不得取空值。因此，想要仅保存“课程名”和“教师”这样的开课信息就无法实现，这就导致了插入异常、删除异常。同样的情况也发生在“姓名”、“性别”属性上。

可以将原来的第一范式进行拆分，变为 3 个第二范式：

*R*1（学号，课程名，成绩，等级）*U*1 完全依赖于学号，课程名

*R*2（学号，姓名，性别）　　　　*U*2 完全依赖于学号

*R*3（课程名，教师，学分）　　　*U*3 完全依赖于课程名

在拆分为多个关系模式后，可能会导致个别属性在多个表中重复出现。如学号属性分别出现在 *R*1 和 *R*2 两个关系中，这是必须付出的代价，这种代价对于尽量消除数据冗余、减少存储异常是值得的。

9.5.3　第三范式

若 $R \in$ 2NF，且 *R* 中的每一个非主属性不传递依赖于主码，则 $R \in$ 3NF。

第三范式是在第二范式的基础上，进一步约束非主属性。要求非主属性对主码的依赖不仅是完全函数依赖，而且要直接函数依赖。当关系模式满足第三范式时，数据冗余基本上消除，存储异常也基本上不存在了。

观察关系模式：

*R*1（学号，课程名，成绩，等级）

$R1 \notin$ 3NF，其中存在着传递函数依赖（学号，课程名）$\xrightarrow{t}$等级。当有 *n* 个学生成绩为“90”时，其对应的等级为“A”，这样的信息在关系中会被反复存储 *n* 遍。极端情况下，当变动等级划分标准，如由五级记分制改为三级记分制时，要对“等级”的每一个属性值作出更改。

可以将该关系模式进一步拆分，得到两个第三范式，如下：

*R*4（学号，课程名，成绩）

*R*5（成绩，等级）

在这里，需要特别说明一点，关系模式为满足更高范式的要求进行拆分的时候，不仅仅是将一个关系直接拆分为多个关系，还要根据实际进行调整。如此例中的 R5，成绩是 0～100 的实数，即使忽略 0.5 分的情况，这个关系中也至少需要约 100 个元组，极不易于实现。通过分析可知，“等级”是一个区域的概念，设定如表 9-3 所示的关系。

表 9-3　成绩-等级关系

成绩下限（含）	成绩上限（不含）	等级
90	101	A
80	90	B
70	80	C
60	70	D
0	60	E

第三范式是一个规范度较高的范式，基本上消除了各种弊病。我们对关系模式优化的时候，一般要求达到第三范式就可以了。

9.5.4 BC 范式

第二、三范式描述的都是非主属性对主码的依赖的关系，对于主属性间的依赖关系并非作出约束，于是就有了 BC 范式。若关系模式 R∈1NF，且 R 中的每一个决定因素都是候选码，则 R∈BCNF。

有些关系模式满足第三范式，但不满足 BC 范式，如

考试（科目，时间，考生）

这个关系有两个候选码，分别为（科目，考生）和（时间，考生）。所以 3 个属性均为主属性，自然不存在非主属性，更不会有非主属性对主码的任何函数依赖。显然“考试∈3NF”。

但是，科目→时间，其决定因素“科目”不是候选码，仅是候选码的一部分，所以“考试 BCNF”。仔细分析会发现，这个关系模式中仍然会存在插入、删除异常的情况。如当某门科目目前还没人报名参加考试，则相关的考试时间的信息就无法存入数据库中。若将该关系模式分解为

考试安排（科目，时间）

考试报名（科目，考生）

就不再有函数依赖的决定因素不包含候选码的情况了，就都是 BCNF 的关系模式了。

尽管判断 BCNF 是直接在 1NF 基础上考察决定因素是否为候选码，而不是先判定该关系是否属于第三范式，再增加一些条件来判断，但是研究表明，属于 BCNF 的关系模式必然满足 3NF。这是因为满足 BC 范式的关系中不存在任何属性（包括非主属性与主属性）对主码的部分函数依赖和传递函数依赖。反过来，属于 3NF 的关系却不一定属于 BCNF。

前面说到，达到 3NF 的关系模式，基本上不会出现异常。但是在关系中存在几个候选码的情况下，尤其是有几个复合的候选码，且码内属性又有部分重叠时，仅仅满足 3NF 可能会有问题，要进一步考虑分解成 BCNF。

9.6 创建光盘出租管理数据库

任务 9.4 在 SQL Server 2008 中创建光盘出租管理数据库，以及该数据库下的表。语句如下：

```
create database diskrent
go
use diskrent
go
create table disktable
(disk_id int primary key identity(1,1),
```

```
  disk_name varchar(20),
  disk_language char(10),
  type varchar(20),
  num int,
  supply_id char(5) not null,
  remark varchar(50),
  price money )
go
create table employee
    (em_id char(10) primary key,
     name varchar(10) not null,
     in_time date,
     card_no char(18),
     salary float,
     phone varchar(20),
     add varchar(50) )
go
create table viptable
    (vip_id char(10) primary key,
     vip_name varchar(10) not null,
     date datetime )
go
create table supplytable
    (supply_id char(5) primary key,
     supply_name varchar(20) not null,
     supply_add varchar(30),
     phone varchar(20),
     manager varchar(10) )
go
create table rentable
    (disk_id int,
     em_id char(10),
     client_name varchar(10),
     guaranty varchar(20),
     borrow_date date,
     return_date date,
     is_vip char(2),
     constraint pk primary key(disk_id,em_id,client_name))
go
```

9.7 本章实训：按照数据库设计理论完成学生管理系统数据库的设计

本次实训环境

学生管理系统是对在校生进行管理的，经调研，在学校里与学生相关的事项主要可以分为学籍管理和课程管理两大类，各自的功能分别如下描述。

第一大类是关于学籍管理的：

1. 新生根据录取通知书来校报到。

2. 学校核对无误后安排学生入学，包括宿舍分配、介绍任课教师，并且在入学后积累学生的档案。

3. 毕业时学生填写毕业生登录表，推荐工作，学生办理离校手续，学校整理学生档案。

第二大类是关于课程管理的：

1. 学生填写选课单来选定课程，教师核对选课名单，最终确定本课程的学生。

2. 学生领取相应的教科书去相关的教室上课，在上课过程中教师给学生评定平时成绩。

3. 学生在学期末根据学校的安排去指定考场参加考试，老师登记学生的成绩。

本次实训操作要求

根据学生管理系统的功能描述来完成学生管理数据库的设计工作，包括：

1. 绘制数据流图；
2. 绘制 E-R 图；
3. 进行数据库的逻辑结构设计；
4. 对数据库的设计进行规范化处理；
5. 利用 SQL 语句在 SQL Server 2008 中来完成数据库的创建工作。

9.8 本章习题

一、思考题

1. 数据库设计一般可以分为哪几个阶段？
2. 在数据库设计的需求分析阶段应该做些什么事情？
3. 需求分析常用的调查方法有哪些？
4. 概念结构设计阶段的主要工作有哪些？
5. E-R 图转换为关系模型应遵循哪些原则？
6. 在数据库中，若数据表设计不合理，会出现哪些常见弊病？

7. 在关系的规范化中有哪几种范式？相互的关系怎样？

8. 什么是第一范式，第二范式，第三范式？

二、应用题

1. 下表给出一数据集，请判断它是否可以直接作为关系数据库中的关系，若不行，则改造成为尽可能好的并能作为关系数据库中关系的形式。

系名	课程名	教师名
计算机系	DB	李军，刘强
机械系	CAD	金山，宋海
造船系	CAM	王华
自控系	CTY	张红，曾键

2. 设有如下表所示的关系：

课程名	教师名	教师地址
C1	马千里	D3
C2	于得水	D1
C3	余快	D2
C4	于得水	D1

(1) 它为第几范式？为什么？

(2) 是否存在删除操作异常？若存在，则说明是在什么情况下发生的？

(3) 将它分解为高一级范式。

3. 下表给出的关系R为第几范式？是否存在操作异常？若存在，则将其分解高一级范式。分解完成的高级范式中是否可以避免分解前关系中存在的操作异常？

工程号	材料号	数量	开工日期	完工日期	价格
P1	I1	4	9805	9902	250
P1	I2	6	9805	9902	300
P1	I3	15	9805	9902	180
P2	I1	6	9811	9912	250
P2	I4	18	9811	9912	350

4. 设有如下所示的关系R：

职工号	职工名	年龄	性别	单位号	单位名
E1	ZHAO	20	F	D3	CCC
E2	QIAN	25	M	D1	AAA
E3	SEN	38	M	D3	CCC
E4	LI	25	F	D3	CCC

试问 R 属于 3NF 吗？为什么？若不是，则它属于第几范式？如何规范化为 3NF？

5. 如下表给出的关系 SC 为第几范式？是否存在插入、删除异常？若存在，则说明是在什么情况下发生的？将它分解为高一级范式。

SNO	CNO	CTITLE	INAME	ILOCA	GRADE
80152	C1	OS	王平	宁波	70
80153	C2	DB	高升	奉化	85
80154	C1	OS	王平	宁波	86
80154	C3	AI	杨杨	慈溪	72
80155	C4	CL	高升	奉化	92

6. 已知一关系模式：

借阅（借书证号，姓名，所在系，书号，书名，价格，借书日期，经手人）

要求：(1) 请给出你认为合理的数据依赖。

(2) 该模式最高满足第几范式？请证明。

(3) 将它分解成至少为 3NF 的关系模式。

7. 在一订货系统数据库中，需要存储的信息量如下所示，结合实际分析你认为合理的数据依赖，给出一组至少满足 3NF 的关系模型。

订单号，订购单位名，地址，联系人，产品型号，产品名，单价，成本价，订货量，库存量，订货总金额，支付方式，交货日期

附录 A　职工信息数据库（factory）下的表结构和数据

LCY.factory - dbo.worker

	列名	数据类型	允许 Null 值
职工号	wid (主键)	char(3)	☐
职工姓名	wname	varchar(10)	☑
职工性别	wsex	char(2)	☑
职工出生日期	wbirthdate	date	☑
党员否	wparty	char(2)	☑
参加工作日期	wjobdate	date	☑
部门号	depid	char(1)	☑

图 A-1　职工信息表（worker）的表结构

LCY.factory - dbo.depart

	列名	数据类型	允许 Null 值
部门号	did (主键)	char(1)	☐
部门名	dname	varchar(20)	☑
部门经理	dmaster	char(3)	☑
办公室房间号	droom	char(10)	☑

图 A-2　部门信息表（depart）的表结构

LCY.factory - dbo.salary

	列名	数据类型	允许 Null 值
职工号	wid (主键)	char(3)	☐
发工资日期	sdate (主键)	date	☐
工资应发合计	totalsalary	decimal(10, 1)	☑
工资实发金额	actualsalary	decimal(10, 1)	☑

图 A-3　工资信息表（salary）的表结构

LCY.factory - dbo.study

	列名	数据类型	允许 Null 值
培训项目编号	study_id	char(2)	☐
培训项目名称	study_name	varchar(50)	☑
职工号	wid	char(3)	☐
培训成绩	grade	char(4)	☑

图 A-4　培训信息表（study）的表结构

LCY.factory - dbo.customer

	列名	数据类型	允许 Null 值
客户编号	cid	char(3)	☐
客户姓名	cname	varchar(30)	☐
客户性别	csex	char(2)	☑
客户出生日期	cbirthdate	date	☑

图 A-5　客户信息表（customer）的表结构

LCY.factory - dbo.worker

wid	wname	wsex	wbirthdate	wparty	wjobdate	depid
001	孙华	男	1952-01-03	是	1970-10-10	1
002	孙天奇	女	1965-03-10	是	1987-07-10	2
003	陈明	男	1945-05-08	否	1965-01-01	2
004	李华	女	1956-08-07	否	1983-07-20	3
005	余慧	女	1980-12-04	否	2007-10-02	3
006	欧阳少兵	男	1971-12-09	是	1992-07-20	3
007	程西	女	1980-06-10	否	2007-10-02	1
008	张旗	男	1980-11-10	否	2007-10-02	2
009	刘夫文	男	1942-01-11	否	1960-08-10	2

图 A-6　职工信息表（worker）的数据

LCY.factory - dbo.depart

did	dname	dmaster	droom
1	财务处	003	2201
2	人事处	005	2209
3	市场部	009	3201
4	开发部	001	3206

图 A-7　部门信息表（depart）的数据

LCY.factory - dbo.study

study_id	study_name	wid	grade
01	岗前培训	001	优秀
01	岗前培训	003	合格
02	新技术培训	000	NULL
03	干部培训	005	优秀
03	干部培训	009	合格

图 A-8 培训信息表（study）的数据

LCY.factory - dbo.salary

wid	sdate	totalsalary	actualsalary
001	2011-01-04	4200.0	3500.0
001	2011-02-03	4000.0	3200.0
002	2011-01-04	2200.0	2000.0
002	2011-02-03	1900.0	1700.0
003	2011-01-04	3800.0	3400.0
003	2011-02-03	3700.0	3200.0
004	2011-01-04	2500.0	2100.0
004	2011-02-03	2500.0	2100.0
005	2011-01-04	4500.0	3800.0
005	2011-02-03	4600.0	3900.0
006	2011-01-04	2500.0	2100.0
006	2011-02-03	2500.0	2100.0
007	2011-01-04	1800.0	1500.0
007	2011-02-03	1800.0	1600.0
008	2011-01-04	2800.0	2400.0
008	2011-02-03	3000.0	2600.0
009	2011-01-04	4500.0	3800.0
009	2011-02-03	5000.0	4200.0

图 A-9 工资信息表（salary）的数据

LCY.factory - dbo.customer

cid	cname	csex	cbirthdate
c01	陈建强	男	1985-02-01
c02	周小航	男	1987-03-02
c03	朱小倩	女	1987-04-21

图 A-10 客户信息表（customer）的数据

附录 B　医疗垃圾处理数据库（medical）下的表结构和数据

LCT.medical - dbo.me_info

		列名	数据类型	允许 Null 值
医疗机构代码	🔑	me_no	char(4)	☐
医疗机构名称		name	varchar(20)	☐
电话号码		phone	char(13)	☑
地址		address	varchar(50)	☑
联系人		contact	varchar(20)	☑
医院等级		grade	varchar(6)	☑
开户银行		bank	varchar(20)	☑
银行帐号		account	varchar(20)	☑

图 B-1　医疗机构基本信息表（me_info）的表结构

LCT.medical...bo.contracts

		列名	数据类型	允许 Null 值
合同编号	🔑	billno	char(4)	☐
签订日期		signdate	date	☑
到期日期		enddate	date	☑
客户代码		me_no	char(4)	☑
每箱金额		amount	money	☑

图 B-2　合同录入表（contracts）的表结构

LCT.medical - dbo.payment

		列名	数据类型	允许 Null 值
合同编号	🔑	billno	char(4)	☐
付款日期	🔑	paydate	date	☐
付款金额		amount	money	☑

图 B-3　合同付款情况表（payment）的表结构

LCY.medical - dbo.handle

	列名	数据类型	允许 Null 值
合同编号	billno	char(4)	☐
处理日期	handledate	date	☐
周转箱数	number	int	☑

图 B-4　垃圾处理实时管理表（handle）的表结构

LCY.medical - dbo.addbeds

	列名	数据类型	允许 Null 值
医疗机构代码	me_no	char(4)	☐
日期	adddate	date	☐
新增编制床位数	addnumber	int	☑
备注	note	varchar(50)	☑

图 B-5　新增床位表（addbeds）的表结构

LCY.medical - dbo.me_info

me_no	name	phone	address	contact	grade	bank	account
1001	宁波医院	88881111	宁波市区	周东	三级	中国银行	45635162
1002	北仑医院	88881112	北仑区	王一清	二级	中国银行	45635163
1003	象山医院	88881113	象山县	李一建	二级	中国银行	45635164
1004	奉化医院	88881114	奉化市	周小航	二级	中国银行	45635165
1005	溪口医院	88881115	溪口镇	王斌	一级	中国银行	45635166
1006	东柳社区医院	88881116	东柳街道	林帅	一级	工商银行	95588139
1007	开发区医院	88881117	开发区	蒋东	一级	工商银行	95588140
1008	中医院	88881118	宁波市区	毛建光	三级	工商银行	95588141

图 B-6　医疗机构基本信息表（me_info）的数据

LCY.medical...bo.contracts

billno	signdate	enddate	me_no	amount
9001	2010-01-05	2012-01-05	1001	200.0000
9002	2012-06-01	2014-06-01	1002	240.0000
9003	2011-05-12	2013-05-12	1007	220.0000
9004	2011-06-12	2013-06-12	1008	220.0000

图 B-7　合同录入表（contracts）的数据

LCY.medical - dbo.payment

billno	paydate	amount
9001	2010-07-25	15000.0000
9002	2012-09-24	7000.0000
9002	2012-12-25	3000.0000
9003	2012-06-05	8000.0000
9004	2011-09-04	5000.0000
9004	2012-04-02	2000.0000

图 B-8　合同付款情况表（payment）的数据

LCY.medical - dbo.handle

billno	handledate	number
9001	2010-02-05	21
9001	2010-05-07	18
9002	2012-07-01	15
9002	2012-10-09	9
9002	2012-12-21	12
9003	2011-07-12	13
9003	2011-12-03	8
9004	2011-08-12	20

图 B-9　垃圾处理实时管理表（handle）的数据

LCY.medical - dbo.addbeds

me_no	adddate	addnumber	note
1001	2010-02-23	500	初始床位
1001	2011-06-03	100	新增床位
1002	2011-12-01	300	初始床位
1002	2012-05-06	80	新增床位
1007	2011-04-02	270	初始床位
1008	2011-05-09	340	初始床位

图 B-10　新增床位表（addbeds）的数据

附录C　学生课程数据库（stu）下的表结构和数据

LCY.stu - dbo.student*

	列名	数据类型	允许Null值
学号	sno	char(5)	☐
姓名	sname	varchar(10)	☑
性别	ssex	char(2)	☑
出生日期	sbirth	date	☑
所在系	sdept	varchar(50)	☑

图C-1　学生基本信息表（student）的表结构

LCY.stu - dbo.course

	列名	数据类型	允许Null值
课程号	cno	char(1)	☐
课程名	cname	varchar(50)	☑
学分	ccred	smallint	☑

图C-2　课程基本信息表（course）的表结构

LCY.stu - dbo.stu_course

	列名	数据类型	允许Null值
学号	sno	char(5)	☐
课程号	cno	char(1)	☐
成绩	grade	float	☑

图C-3　学生成绩表（stu_course）的表结构

LCY.stu - dbo.student

sno	sname	ssex	sbirth	sdept
95001	李勇	男	1994-02-01	计算机系
95002	刘晨	女	1995-05-23	英语系
95003	王名	女	1994-08-14	数学系
95004	王皓	男	1993-12-12	计算机系
95005	张立	男	1996-11-30	英语系
95006	张小光	男	1995-03-23	数学系
95007	吕娜	女	1996-09-23	英语系

图 C-4　学生基本信息表（student）的数据

LCY.stu - dbo.course

cno	cname	ccred
1	数据库	4
2	数学	2
3	信息系统	4
4	操作系统	3
5	数据结构	4
6	数据处理	2
7	C语言	4

图 C-5　课程基本信息表（course）的数据

LCY.stu - dbo.stu_course

sno	cno	grade
95001	1	92
95001	2	85
95001	3	88
95002	2	90
95002	3	80
95003	1	75
95003	4	89
95005	3	95
95006	6	56

图 C-6　学生成绩表（stu_course）的数据

参考文献

[1] 杜兆将. SQL Server 数据库管理与开发教程与实训 [M]. 北京：北京大学出版社，2006.
[2] 李超燕. 数据库原理及应用教程 [M]. 北京：科学出版社，2005.
[3] 屠建飞. SQL Server 2008 数据库管理 [M]. 北京：清华大学出版社，2011.
[4] 王永乐. SQL Server 2008 数据库管理及应用 [M]. 北京：清华大学出版社，2011.
[5] 闪四清. SQL Server 2008 数据库应用实用教程 [M]. 北京：清华大学出版社，2010.
[6] 祝红涛. SQL Server 2008 数据库应用简明教程 [M]. 北京：清华大学出版社，2010.